LA LOGISTICA, "UN CASO DE ÉXITO"

División de Ingeniería Industrial

Autores:

Ing. Daniel Guzmán Pedraza.

M.I.I. Francisco Gerardo Ponce del Ángel.

M.I.I. Domingo Pérez Piña.

INSTITUTO TECNOLOGICO SUPERIOR DE TANTOYUCA

Copyrigth © Daniel Guzmán Pedraza, 2016.
All rigths reserved.

ISBN-13: 978-1546757856

ISBN-10: 1546757856

Primera edición
México, 2016.

Copyrigth © Daniel Guzmán Pedraza, 2016.
All rigths reserved.

ISBN-13: 978-1546757856

ISBN-10: 1546757856

Primera edición
México, 2016.

Agradecimientos:

Con agradecimiento a nuestras familias, alumnos, maestros, trabajadores y empresario de la purificadora de agua la Gota Reyna del Municipio de Tantoyuca, Ver., y a todos los compañeros de trabajo que laboran en el Instituto Tecnológico Superior de Tantoyuca que en forma compartida contribuyeron a la elaboración de este libro, reiterándole nuestros más sinceros agradecimientos.

Créditos:

Instituto Tecnológico Superior de Tantoyuca, Veracruz.

INTRODUCCIÓN

El presente proyecto de investigación se centra en el tema "Análisis Logístico de la distribución de Agua Purificada en Botellones de 19 litros de la Purificadora "LA GOTA REYNA" en el Municipio de Tantoyuca, Ver."

La empresa "LA GOTA REYNA" cumple con un excelente nivel de calidad en la purificación del agua, y de la misma manera se desea que obtenga una buena calidad en todas sus áreas, para lograr un control en sus procesos y por consiguiente una empresa más productiva.

Hoy en día, un gran número de compañías presentan problemas relacionados con el movimiento de personas, mercancías e información.

En este sentido, el transporte busca satisfacer los requerimientos de movilidad, convirtiéndose en una ventaja competitiva para las empresas, garantizando a sus clientes que los productos serán cubiertos en el menor tiempo posible y aun costo inferior al que ofrece la competencia. De esta manera, la diferenciación del producto consiste en el servicio.

En consecuencia, encontrar, rutas eficientes para un par de vehículos es un importante problema logístico que ha sido estudiado desde hace varias décadas. Este es el caso de las organizaciones que distribuye sus productos en forma directa, para las cuales, la tarea de identificar las secuencia en que deben ser visitados sus clientes de tal manera que reciban sus productos oportunamente, se convierte en un inconveniente que requiere especial cuidado.

El estudio que se realizara en este proyecto es el análisis logístico de las rutas, y efectivamente se busca determinar las mejores rutas para satisfacer la demanda de un grupo de clientes a fin de reducir los tiempos de rutas, distancias recorridas o costo de transporte los cuales representan del 10% al 20% de los bienes. (Toth, Vigo, 2000).

La empresa LA GOTA REYNA, ubica en la ciudad de Tantoyuca, Veracruz, se dedica a la producción y distribución de agua purificada en garrafones de 19 litros en 6 diferentes rutas de la ciudad. Esta compañía presenta grandes problemas en su cadena de suministro, así como, la falta de control y organización en sus inventarios y la falta de optimización en las rutas de distribución para el reparto, permitiendo a la empresa ahorro en tiempo y dinero.

Para realizar este estudio se llevara a cabo un análisis logístico *"una función operativa importante que comprende todas las actividades necesarias para la obtención y administración de materias primas y componentes, así como el manejo de los productos terminados, su empaque y su distribución a los clientes" (ferrel).*

Contenido

INTRODUCCIÓN 5

CAPITULO I.- MARCO DE REFERENCIA 10

    1.1 PLANTEAMIENTO DEL PROBLEMA 10

        1.1.1 Descripción del Problema 10

        1.2 OBJETIVOS DE INVESTIGACIÓN 11

    1.3 JUSTIFICACIÓN 12

    1.4 ALCANCES Y LIMITACIONES 13

        1.4.1 Alcances 13

        1.4.2 Limitaciones 13

    1.5 ANTECEDENTES DE LA EMPRESA 14

    1.6 IDENTIDAD DE LA EMPRESA 14

        1.6.1 Misión 14

        1.6.2 Visión 15

        1.6.3 Valores 15

        1.6.4 Política de calidad 15

        1.6.5 Objetivos de calidad 15

    1.7 ORGANIGRAMA DE LA EMPRESA 16

    1.8 MACRO LOCALIZACIÓN 17

    1.9 MICRO LOCALIZACIÓN 18

CAPITULO II.- MARCO TEÓRICO 19

    2.1 GENERALIDADES 19

        2.1.1 Concepto de Logística 19

        2.1.2 Importancia del Transporte en la Cadena de Suministro 21

    2.2 QUÉ ES UNA CADENA DE SUMINISTRO 23

        2.2.1 Aspectos Estratégicos 23

        2.2.2 Aspectos Tácticos y Operativos 24

    2.3 PLANIFICACIÓN DEL TRANSPORTE 25

        2.3.1 Objetivos de la Planificación del Transporte 25

        2.3.2 Problemas de Ruteo de Vehículos 25

        2.3.3 Los Vehículos 26

        2.3.4 Las Rutas 26

2.4 ESTRATEGIAS INNOVADORAS PARA EL DISEÑO DE RUTAS DE DISTRIBUCIÓN. 27

    2.4.1 Problema de Rutas de Vehículos 27

    2.5 INVENTARIOS 28

    2.5.1 Concepto de Inventario 28

2.6 COSTOS QUE SE PRODUCEN CUANDO SE MANEJAN INVENTARIOS 30

    2.6.1 Costo de Fabricar un Pedido 30

    2.6.2 Costo de Mantenimiento de los Inventarios 30

2.7 DEFINICIONES IMPORTANTES EN LOS INVENTARIOS 31

    2.7.1 Lote Económico 31

    2.7.2 Tiempo de Entrega o Tiempo de Anticipación 31

    2.7.3 Existencias de Seguridad 31

    2.7.4 Punto de Reorden 31

2.8 PRONÓSTICOS 32

    2.8.1 Características de los Pronósticos Normalmente están equivocados. 33

2.9 MÉTODOS OBJETIVOS DE PRONÓSTICO 34

    2.9.1 Modos Causales 34

    2.9.2 Análisis de Series de Tiempo. 34

CAPITULO III.- APLICACIONES DE LOGISTICA Y CADENA DE SUMINISTRO 36

    3.1 CADENA DE SUMINISTRO 36

3.2 PRINCIPALES PROCESOS DE PURIFICACIÓN DE AGUA 38

    3.3 CANAL DE DISTRIBUCIÓN 42

3.4 RUTAS DE DISTRIBUCIÓN 43

3.5 FLUJO DE INFORMACIÓN 44

    3.6 NIVELES DE ALMACÉN 45

3.7 COSTO DE MANTENER INVENTARIO 47

3.8 PRONÓSTICOS 49

3.9 SEGMENTACIÓN DE MERCADO 56

3.10 SELECCIÓN Y EVALUACIÓN DEL MERCADO META 56

3.11 DETERMINACIÓN DE LA MUESTRA 58

3.12 EVALUACIÓN DE LA ECUACIÓN 59

3.13 ANÁLISIS DE RESULTADOS DE LA ENCUESTA 60

3.14 SERVICIO AL CLIENTE 68

- **3.15 PROCESOS DE EMPUJE/TIRÓN** 69
- **3.16 ESTRATEGIAS DE CADENA DE SUMINISTRO** 70
- **3.17 PLANEACIÓN DE LA CADENA DE SUMINISTRO** 71
- **3.18 OPERACIÓN DE LA CADENA DE SUMINISTRO** 72

CAPITULO IV.- DISTRIBUCIÓN DEL PRODUCTO TERMINADO 74
- **4.1 ANÁLISIS DE LAS RUTAS DE DISTRIBUCIÓN** 74
- **4.2 MEDICIÓN DE INDICADORES DE GESTIÓN LOGISTICA (KPI)** 80
- **4.3 CONTROL DE DOCUMENTOS** 84
- **4.4 FORMATOS DE CONTROL DE VENTAS** 87

CAPITULO V.- ANÁLISIS FINANCIERO 89

CONCLUSIONES 93

RECOMENDACIONES 95

REFERENCIAS BIBLIOGRÁFICAS 96

CAPITULO I.- MARCO DE REFERENCIA

1.1 PLANTEAMIENTO DEL PROBLEMA

1.1.1 Descripción del Problema

El agua potable purificada siempre ha sido parte fundamental en la vida del ser humano, el agua embotellada la conforman diversos factores, tales como: la calidad del agua, la marca, el precio, el transporte y el servicio al cliente.

Para lograr tales factores es necesario analizar cada uno los procesos que intervienen, en la purificadora "La Gota Reyna".

La empresa no cuenta con una identidad que respalde el rumbo a donde se quiere llegar como es; su misión, visión, objetivos y políticas. De la misma forma carece de antecedentes históricos que nos muestre el comportamiento durante el periodo que ha estado en operación la empresa, es decir, el costo de su inventario, el control de salidas y entradas de producto por lo que resulta difícil tener un análisis complejo de la información.

Otro problema que se tiene que resolver en la purificadora es el tiempo que se requiere para la distribución de la red logística del producto, para conocer cuánto está vendiendo, en que tiempo y conocer cuáles son las rutas más efectivas, ya que lo que se busca es reducir tiempo y aumentar las ganancias.

1.2 OBJETIVOS DE INVESTIGACIÓN

Objetivo General

Realizar un Análisis Logístico de la Distribución de las Rutas de Reparto de Agua Purificada en Garrafones de 19 litros de la Purificadora "La Gota Reyna" en el Municipio de Tantoyuca, Ver.

Objetivos Específicos

- Obtener los antecedentes históricos de la empresa para establecer su misión, visión, objetivos y políticas.
- Realizar los formatos para el registro de venta por día, mes y año, logrando obtener un control en su inventario.
- Identificar los tiempos que requiere cada ruta para el reparto de agua embotellada "La Gota Reyna".
- Evaluar los tiempos para determinar cuáles son las rutas más efectivas, en cuanto tiempo, dinero, venta.

1.3 JUSTIFICACIÓN

La empresa, "La Gota Reyna" presenta problemas en la planeación y distribución de sus rutas de reparto, lo que trae consigo costos de distribución que merman sustancialmente la productividad de la empresa.

Para contrarrestar esta situación, se torna necesario realizar un análisis de las rutas actuales y realizar una propuesta de optimización de las mismas.

Al realizar este análisis se obtendrán beneficios, tales como un control dentro del proceso de enrutamiento, optimizando el funcionamiento de toda la cadena de suministro.

1.4 ALCANCES Y LIMITACIONES

1.4.1 Alcances

Este proyecto de investigación considera los resultados que se obtendrán de las 6 rutas de reparto. Así mismo, los resultados obtenidos de este trabajo serán comunicados al dueño de la empresa, quien decidirá si procede con la implementación del mismo o continúa con el sistema actual de reparto.

1.4.2 Limitaciones

Los resultados que arroje este estudio, podrán aplicarse, única y exclusivamente a la empresa "La Gota Reyna" ya que el análisis se realizara sobre las rutas de reparto que dicha empresa ha establecido y el estudio de mercado se hará únicamente con los clientes potenciales de la empresa.

1.5 ANTECEDENTES DE LA EMPRESA

El 14 de Agosto del 2010 se Inaugura en la ciudad de Tantoyuca, Veracruz, la empresa purificadora de agua con el nombre de "La gota Reyna" ubicada en la calle Cuauhtémoc de la colonia 18 de Marzo.

Conformado por equipo purificador por osmosis inversa, con una capacidad instalada de 300 garrafones de 19 litro al día, en un turno de 8 horas de trabajo continuo.

Empresa que al inicio de sus operaciones era conformada por dos trabajadores, el cual uno era empleado el cual se encargaba principalmente del lavado y llenado de los garrafones de 19 litros y el segundo trabajador siendo el dueño se encargaba del reparto de las diferentes rutas siendo estas en la colonias, 18 de Marzo, Las Casitas, Altamirano, El Platanal, El abra, Niños Héroes, Jagüey Hidalgo, Santa Fe, Guadalupe Victoria, 10 de Mayo, Banrural y La Garita de Tantoyuca Ver. Teniendo en estas rutas al inicio un total aproximado de 80 clientes.

Al principio el ruteo se realizaba en una camioneta ranger modelo 1989, 4 cilindros la cual tiene una capacidad de carga de 32 garrafones, aun se sigue utilizando para dicho reparto.

A finales del 2011 viéndose en la oportunidad y ante la creciente demanda de agua purificada de los clientes, la empresa opta por adquirir una camioneta, Ford lariat modelo 1992, 6 cilindros con una capacidad de carga de 52 garrafones

Actualmente la empresa cuenta con 200 clientes potenciales en las diferentes rutas trabajadas y cada día se buscan nuevos clientes para generar mayor abarque de plaza.

1.6 IDENTIDAD DE LA EMPRESA

1.6.1 Misión

Satisfacer con excelencia a nuestros clientes ofreciendo agua 100% purificada de calidad y confiable para su consumo, mediante la supervisión estricta y rigurosa en cada proceso de producción, brindando una excelente actitud de servicio y precios accesibles e inmejorables.

1.6.2 Visión

Ser una empresa purificadora reconocida en la ciudad de Tantoyuca, Ver y la Región. Caracterizándose por un excelente y rápido servicio, con un producto confiable y trato amable, así también estar en armonía con el medio ambiente y contar con sistemas de calidad y tecnología de punta para la elaboración del producto y el logro de un excelente servicio.

1.6.3 Valores

Respeto: Se reconoce los derechos y la dignidad de todas las personas con las que se tiene relación.

Lealtad: la empresa se compromete diario a defender lo que es y tiene, así como transmitirlo a los demás.

Integridad: Actitud de verdad y rectitud en los actos pensamientos.

Compromiso: Tener siempre un paso adelante en todas las decisiones y estrategias, que permitan asegurar el éxito y trascendencia a través del tiempo.

Excelencia: Poner toda la capacidad y entusiasmo en el trabajo, para asegurar que los resultados se den con la calidad requerida y con ello tener la satisfacción de los clientes.

1.6.4 Política de calidad

Ofrecer un producto y servicio de alta calidad, implementando mejoras continuas para satisfacer las expectativas de nuestros clientes.

1.6.5 Objetivos de calidad

- ✓ Instalar procesos eficientes con los cuales se obtenga agua con las mejores características de calidad.

✓ Capacitar a todo el personal para que puedan ejercer actividades de todo el proceso, así como enseñarles métodos de medición y control de calidad de nuestros procesos.

1.7 ORGANIGRAMA DE LA EMPRESA

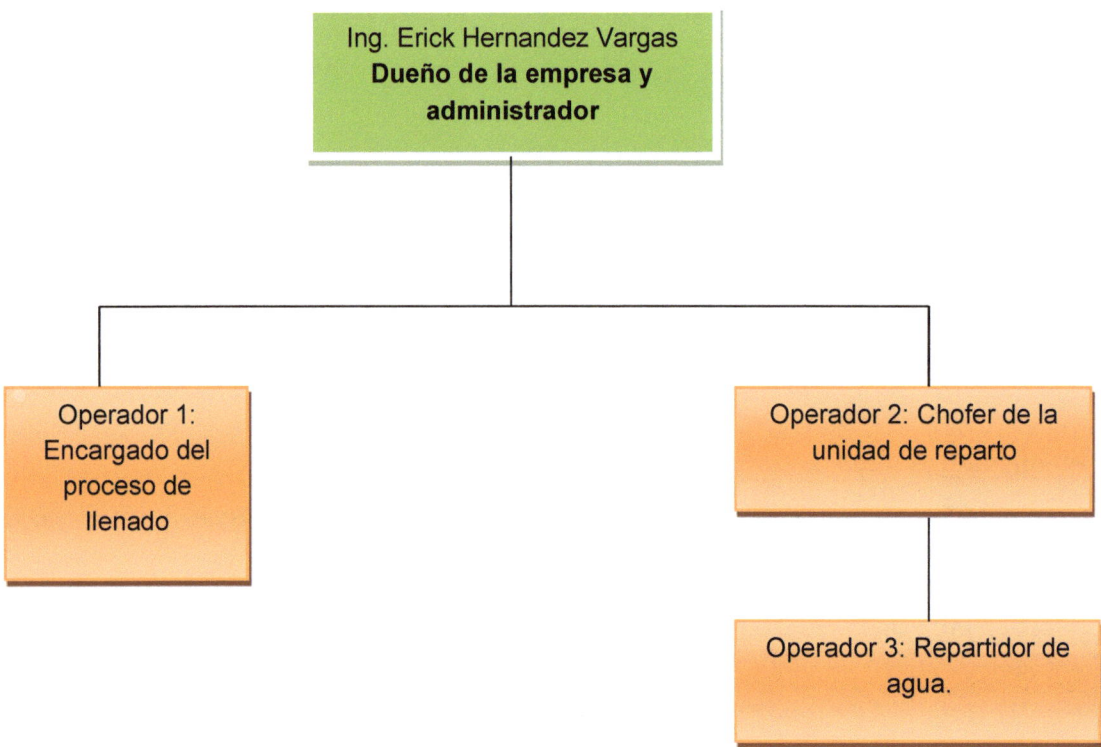

Figura 1.1 Organigrama de la empresa

1.8 MACRO LOCALIZACIÓN

El municipio de Tantoyuca se encuentra en el estado de Veracruz, es uno de los 212 municipios de la entidad y tiene su ubicación en la zona montañosa de la región huasteca alta, con una categoría semiurbano. Sus coordenadas son 21°21'latitud norte, longitud oeste de 98°14' y cuenta con una altura de 140 msnm. 2 el municipio tiene una población de 101,743 habitantes, conformado por 494 localidades.

El municipio de Tantoyuca, tiene un clima cálido-extremoso, con lluvias abundantes solo en verano y con una temperatura anual de 23 °C. Tiene una superficie de 1,205.84 km2., cifra que representa un 1.66% total del estado.

Figura 1.2 Mapa del Estado de Veracruz

1.9 MICRO LOCALIZACIÓN

La purificadora "La Gota Reyna" se encuentra ubicada en la colonia 18 de marzo, en la calle Cuauhtémoc de la ciudad de Tantoyuca. Como se muestra en la imagen fig. 1.3.

Figura 1.3 Mapa de ubicación de la empresa en Tantoyuca, Ver.

CAPITULO II.- MARCO TEÓRICO

2.1 GENERALIDADES

2.1.1 Concepto de Logística

La logística es un campo relativamente joven, si se compara con otros más tradicionales como las finanzas o producción. Sin embargo, desde hace muchos años se realizan en las empresas actividades logísticas como trasportación y almacenamiento. La innovación en este campo, se centra en el tratamiento coordinado de estas actividades en vez de hacerlo por separado como se hacía en sus inicios ya que en la práctica están estrechamente relacionados. (Borjas, 2011)

El desarrollo de la concepción logística en el mundo, ha transitado por diferentes etapas, la primera de ellas desde principios del siglo XX hasta la década del 50, donde existía una gran variedad de productos y un desarrollo acelerado de las capacidades, por esta razón todo lo que se producía se vendía, las áreas funcionales eran independientes, cada una respondía por las áreas o funciones que le correspondían de acuerdo a la estructura organizativa. (Borjas, 2011)

La logística hoy por hoy, es el conjunto de todas las actividades relacionadas con el flujo de materiales desde el punto de proveedor hasta el de consumidor; contempla además de las actividades materiales aquellas mediante las que se planifica, organiza, regula y controla dicho flujo material (dirección) de forma eficiente entendiéndose por eficiente llegar al punto consumidor con la cantidad y calidad requerida en el momento y lugar demandado con el menor costo posible. (Borjas, 2011)

Dichos autores han perfeccionado el concepto de la logística, ampliando su alcance, conceptualizándola como "La acción del colectivo laboral dirigida a garantizar las actividades de diseño y dirección de los flujos materiales, informativos y financieros desde su fuente de origen hasta sus destinos finales que deben ejecutarse de forma racional y coordinada con el objetivo de proveer al cliente los productos y servicios en la cantidad, calidad, plazos y lugares demandados con elevada competitividad y garantizando la preservación del medio ambiente"

Con base en este concepto se analiza al sistema logístico agrupando las actividades según el transcurso de la cadena logística, lo cual responde a la forma que adopta la estructura organizativa de dirección, quedando dividido en:

- Aprovisionamiento
- Producción
- Distribución
- Reutilización

Los objetivos de toda organización, y específicamente de su subsistema de gestión logística, debe ser lograr la satisfacción de sus clientes con una alta productividad de los recursos; es decir, procurar bienes y servicios que satisfagan las necesidades y gustos de los clientes a un precio competitivo y en un margen de tiempo razonable, combinado esto con la obtención de un máximo de outputs y la utilización mínima de input.

Según Pérez (2010), para evaluar si el sistema logístico ha cumplido con sus objetivos, se pueden emplear indicadores que midan la eficacia en su desempeño, entendiéndose como tal:

Eficiencia: En su acepción común se refiere a la virtud potencial de una acción o método para el posterior alcance de un efecto previsto. En el mundo empresarial significa hacer el producto o servicio que realmente quiere el cliente.

Es por ello, que una de las ventajas competitivas sobresalientes en las empresas se refiere al control en las líneas de distribución, traducidas en: entregas a tiempo, disminución de costos, reducción de distancias, entre otros.

En la figura 2.1 Se muestran las aplicaciones que tiene la logística en una empresa

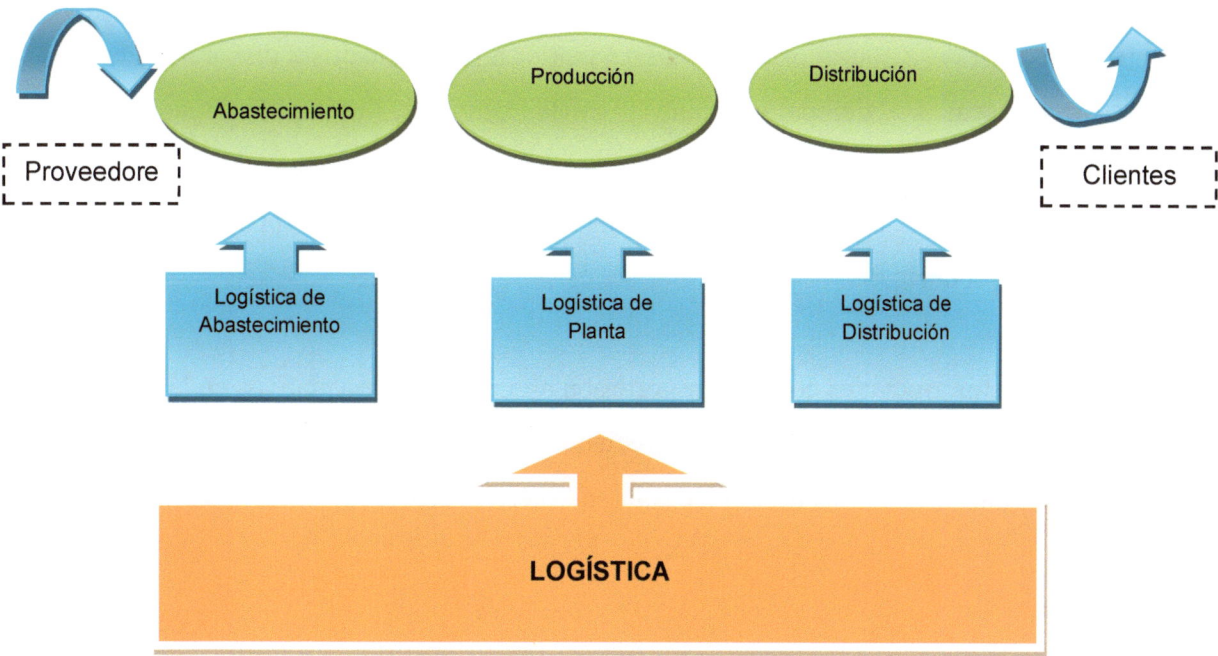

Figura 2.1 Aplicaciones de la Logística

2.1.2 Importancia del Transporte en la Cadena de Suministro

En un mundo globalizado, la distribución y organización de una empresa cobran una importancia cada vez mayor. Pocas preocupaciones desvelan tanto a los empresarios como la mejor manera de llegar a los clientes. Las actividades en este sector son el puente entre la producción y los mercados que están separados por el tiempo y la distancia. Los clientes esperan mejor servicio, en los mercados las posibilidades de compra crecen todos los días y la competencia es más agresiva. (Sheffi, 2009).

El transporte se refiere al movimiento del producto de un lugar a otro en su recorrido desde el principio de la cadena de suministro hasta el cliente. El transporte es una directriz importante de la cadena, ya que los productos rara vez son producidos y consumidos en la misma ubicación. (Chopra Sunil, 2008)

El sistema de transporte es el componente más importante para la mayoría de las organizaciones, debido a que el éxito de una cadena de abastecimiento está estrechamente relacionado con su diseño y uso adecuado. El transporte es el responsable de mover los productos terminados, materias primas e insumos, entre empresas y clientes que se encuentran dispersos geográficamente y agrega valor a los productos transportados cuando estos son entregados a tiempo, sin daños y en las cantidades requeridas. Igualmente el transporte es uno de los puntos clave en la satisfacción del cliente. Sin embargo, es uno de los costos logísticos más elevados y constituye una proporción representativa de los precios de los productos.

Los costos asociados con el transporte son altamente representativos en la cadena de abastecimiento y están involucrados directamente con la relación que se tiene con proveedores, clientes y competidores. (Calderón Sotero, 2010)

El transporte es uno de los elementos menos entendidos en la cadena de suministro. Se podría decir que son varios los aspectos que se deben tomar en cuenta para optimizar la cadena de suministro, entre ellos: i) crear relaciones con los proveedores y clientes, ii) agilizar los procesos en la toma de decisiones iii) fomentar la comunicación, coordinación y colaboración. iv) uso adecuado de la tecnología de la información y v) reconocer la importancia del transporte. En general, la mayor parte de los investigadores de la cadena de suministro han centrado sus análisis en los primeros cuatro puntos, descuidando la importancia del transporte.

Para una administración efectiva del sistema de transporte es necesaria la utilización de un sistema de asignación de rutas (VRP), enfocando a la optimización del proceso de distribución de personas y mercancías cuyo objetivo principal es minimizar tiempos y costos en el proceso de entrega y recogida y en general los costos totales de toda organización, agregando valor al producto a entregar.

Además, mediante la administración de un sistema de transporte eficiente y de bajo costo las organizaciones pueden obtener un aumento en la competitividad, en las economías de escala y una reducción de los precios de los productos. (Calderón Sotero, 2010).

2.2 QUÉ ES UNA CADENA DE SUMINISTRO

Una cadena de suministro está formada por todas aquellas partes involucradas directa o indirecta en la satisfacción de una solicitud de un cliente. La cadena de suministros incluye no solamente al fabricante y al proveedor, sino también a los transportistas, almacenistas, vendedores al detalle e incluso a los mismos clientes. Dentro de cada organización como la del fabricante, abarca todas las funciones que participan en la recepción y el cumplimiento de una petición del cliente. Estas funciones incluyen, pero no están limitadas al desarrollo de nuevos productos, la mercadotecnia, las operaciones, la distribución, las finanzas y el servicio al cliente.

2.2.1 Aspectos Estratégicos

Las decisiones de localización impactan a la distribución y el transporte. Las políticas de inventario y de bodegas, incluyendo las de reposición, de nivel de servicio y tamaño de las bodegas, determinan cuán frecuentemente es necesario transportar los productos y consecuentemente las cantidades que deben ser transportadas.

La forma en que se manejan los productos, incluyendo como se empaquetan, se etiquetan y se agrupan en pallets, containers u otros sistemas de transporte, también influye en la distribución y el transporte. Así mismo, si hay productos que requieren condiciones especiales, como una cadena de frio o recipientes especiales para transportarlos a granel.

La planificación estratégica debe responder a varias interrogantes relacionadas con la distribución y transporte. En primer lugar, las relacionadas a las localizaciones ¿Cuántos centros de distribución, bodegas y puntos de transbordo habrá donde estarán localizados, y que capacidad tendrán? También la estructura general del sistema de transporte ¿operará la empresa con flota propia, a través de terceros, o una mezcla de ambas? Si la flota es propia ¿Cuántos vehículos habrán y de qué tipo? ¿Qué labores de transporte se efectuaran con vehículos propios y cuales nivel de terceros? (Venegas Aliste, 2005)

2.2.2 Aspectos Tácticos y Operativos

Una vez tomadas las decisiones estratégicas, deben analizarse los aspectos tácticos y operacionales del sistema de transporte. Esto incluye el ruteo óptimo, que es la optimización de las rutas a través de las cuales los vehículos servirán a los clientes. El objetivo del ruteo óptimo es minimizar los costos manteniendo, los estándares de atención, como el tiempo de entrega, u optimizar estos estándares, dadas las condiciones de número de vehículos, costos máximos de transporte y otras restricciones del sistema.

Si la distribución se realiza en frecuencias fijas, es posible realizar una optimización de largo plazo de las rutas, hasta que cambien las condiciones estructurales. Por ejemplo, que aumente o disminuya la flota de vehículos o que se agreguen o eliminen clientes.

Por el contrario, si las entregas se realizan contra pedidos, las rutas deberán decidirse y optimizarse cada vez que se despache. Cuando la frecuencia de despacho es diaria o menor, adquiere una gran importancia contar con un sistema que permita generar automáticamente las rutas.

Para poder generar estas rutas óptimas, se debe contar con herramientas de investigación operativa, a fin de encontrar un modelo que se adecue a las condiciones estructurales de la empresa que pueda ser elaborado o aplicado. (Aliste Venegas, 2005)

2.3 PLANIFICACIÓN DEL TRANSPORTE

La planificación es la fase fundamental del proceso de desarrollo y organización del transporte, pues es la que permite conocer los problemas, diseñar o crear soluciones y, en definitiva optimizar y organizar los recursos para enfocarlos a atender la demanda de movilidad. En ella hay que destacar la importancia de asignar en los presupuestos los recursos necesarios para su relación.

2.3.1 Objetivos de la Planificación del Transporte

- Conseguir sistemas de transporte que sean eficientes, rápidos, económicos y seguros.
- Procurar la utilización adecuada de los medios de transporte existentes.

En la planificación del tráfico y del transporte no hay objetivo único, sino que en general hay varios, cuya finalidad es la obtención de un sistema de tránsito satisfactoriamente eficiente, en consonancia con el desarrollo urbano, en el que se reduzca o se eviten la secuela de consecuencias negativas que suele caracterizar la circulación tanto de vehículos como de peatones. (Rojas, 2009)

2.3.2 Problemas de Ruteo de Vehículos

Problemas de ruteo de vehículos es el nombre genérico dado a una gran familia de complicaciones referentes a la distribución de mercadería o personal, búsqueda de información o prestación de servicios, a un conjunto de clientes mediante una flota de vehículos.

Las principales características de estos problemas están dadas por las restricciones de operación o reglas de factibilidad que deben cumplir las rutas de los vehículos, como por ejemplo la capacidad del vehículo o la relación de precedencia entre las visitas a los clientes. Otra particularidad en la que pueden diferir los miembros de esta familia de problemas es el objetivo que debe ser optimizado. (Zabala, 2006)

2.3.3 Los Vehículos

La capacidad de un vehículo puede tener varias dimensiones, como por ejemplo peso y volumen. Cuando en un mismo problema existen diferentes mercaderías, los vehículos podrían tener compartimientos, de modo que la capacidad del vehículo dependa de la mercadería de que se trate. En general cada vehículo tiene asociado un costo fijo en el que se incurre al utilizarlo y un costo variable proporcional a la distancia que recorra.

Los problemas en que los atributos (capacidad, costo, etc.) son los mismos para todos los vehículos se denominan de flota homogénea, y, si hay diferencias, de flota heterogénea. La cantidad de vehículos disponibles podría ser un dato de entrada o una variable de decisión. El objetivo más usual suele ser utilizar la menor cantidad de vehículos y minimizar la distancia recorrida ocupa un segundo lugar. (Olivera, 2004).

2.3.4 Las Rutas

La ruta es un camino, vía o carretera que une diferentes lugares geográficos y que le permite a las personas desplazarse de un lugar a otro, especialmente a través de un vehículo.

2.4 ESTRATEGIAS INNOVADORAS PARA EL DISEÑO DE RUTAS DE DISTRIBUCIÓN.

El problema de rutas de vehículos consiste en diseñar rutas óptimas de distribución y/o recolección desde uno o varios depósitos (lugares donde los vehículos inician y terminan su ruta) hasta la ubicación de cierto número de clientes distribuidos geográficamente, con restricciones adicionales. El problema de rutas de vehículos tiene una función muy importante en el campo de la distribución física y la logística.

2.4.1 Problema de Rutas de Vehículos

La solución del problema de rutas de vehículos requiere determinar un conjunto de rutas de vehículos a costo mínimo, tales que:

a) Cada cliente sea visitado exactamente una vez por vehículo.
b) Todas las rutas de los vehículos inicien y terminen en el depósito.
c) Sean satisfechas restricciones de:

- Capacidad de los vehículos (cada cliente tiene una demanda asociada y la suma de las demandas de cada ruta no puede exceder la capacidad del vehículo),
- Duración de las rutas (el tiempo total de duración de cada ruta no puede exceder una cota superior), o
- De ventas de tiempo (el cliente i debe ser visitado dentro de un intervalo o ventana de tiempo) (Antún, Lozano, Hernández, & Rodolfo, 2005).

2.5 INVENTARIOS

2.5.1 Concepto de Inventario

Se define un inventario como la acumulación de materiales que posteriormente serán usados para satisfacer una demanda futura.

La función de la teoría de inventarios consiste en planear y controlar el volumen del flujo de los materiales en una empresa, desde los proveedores, hasta la entrega de los consumidores.

En toda compañía existen cuatro funciones principales que deben de trabajar en forma coordinada. Estas funciones son compras, producción, finanzas y ventas.

La función de finanzas actúa como un medio de apoyo a la labor de compras, producción y venta, pero lógicamente están involucradas las cuatro funciones antes mencionadas.

Uno de los problemas más grandes que tienen actualmente las compañías es que gran parte del capital de trabajo se invierte en los inventarios, que son recursos ociosos temporalmente, razón por la cual tiene un alto costo mantener estos inventarios. Entonces, los administradores de los sistemas de producción tienen que preguntarse por qué es conveniente que la compañía tenga que invertir parte de su capital de trabajo en mantener esas existencias, a pesar del alto costo que ellas presentan.

La teoría de inventarios busca encontrar el volumen de existencias que equilibra los costos debido a la frecuencia de los pedidos, la frecuencia de paros debido a la falta de mercancías, así como el costo por mantenimiento de los inventarios.

Por lo tanto la teoría de inventarios busca determinar cuándo hacer el pedido en el tiempo, y cuánta cantidad debe pedirse, de tal manera que el costo total de mantener esos inventarios sea el menor posible.

El costo total se define como la suma de los costos de pedir, mantener almacenada las mercancías, y los costos en que se incurre por mercancías escasas o materiales faltantes. En los últimos tiempos, se han desarrollado algunas técnicas que tratan de eliminar, si fuera posible, el almacenamiento de las mercancías. Tal es el caso de la técnica "justo a tiempo" en la cual el almacenamiento de mercancías para satisfacer demandas futuras trata de eliminarse totalmente. Es claro que esto es ideal, pues el costo por mantener el inventario, sobre todo en el rubro de inmovilización de capital, disminuye considerablemente, aparte de otros beneficios para el proceso de producción. (Moya Navarro, 1990)

2.6 COSTOS QUE SE PRODUCEN CUANDO SE MANEJAN INVENTARIOS

2.6.1 Costo de Fabricar un Pedido

Todos los materiales que se utilizan en un proceso de producción, son comprados o fabricados por ese mismo proceso.

Si el inventario es comprado, el costo de de hacer un pedido de compra, se calcula como el promedio de todos los gastos anuales en que se incurre, debido al abastecimiento de los materiales.

Estos gastos se originan porque se deben confeccionar órdenes de compra, así como las requisiciones de los materiales. Una vez que el pedido se recibe, también debe de inspeccionarse, para determinar si cumple con las especificaciones de calidad pedidas, y si la cantidad de los materiales entregados también coincide con las cantidades pedidas.

Si el inventario se produce, entonces el costo de ordenar la producción se calcula como el promedio de todos los gastos anuales en que se incurre debido al papeleo y la programación que hay que hacer para arrancar con la producción. Esta programación incluye la asignación de recursos humanos y de maquinaria para producir estos inventarios.

2.6.2 Costo de Mantenimiento de los Inventarios

Estos costos se generan en función de las actividades o volúmenes de los inventarios que se mantienen almacenados, costos que provienen de varios rubros.

a) Costo de inmovilización de capital
b) Costos por seguros
c) Costos por almacenamiento
d) Costo por obsolescencia

2.7 DEFINICIONES IMPORTANTES EN LOS INVENTARIOS

2.7.1 Lote Económico

Es la cantidad de inventario que debe de ordenarse, ya sea para compra o abastecimiento, o bien que debe de producirse, para satisfacer una demanda futura, de tal manera que el costo total en que se incurre por: ordenar, mantener el inventario y por pedidos pendientes sea el mínimo posible.

2.7.2 Tiempo de Entrega o Tiempo de Anticipación

Se define como el tiempo que transcurre entre el momento en que se coloca una orden, y el tiempo en que se recibe ese pedido, siempre y cuando la orden se haga por medio de una compra.

Cuando el inventario se produce, el tiempo de entrega se define como el tiempo que transcurre entre el momento en que se coloca la orden de producción, y el momento en que comienza a fabricarse esa orden de producción.

2.7.3 Existencias de Seguridad

Se define como la cantidad de inventario que es conveniente almacenar debido a situaciones imprevistas, tales como un atraso en la entrega de las órdenes colocadas, o una demora en el inicio de la producción, y el momento en que comienza a fabricarse esa orden de producción.

2.7.4 Punto de Reorden

Se define como la cantidad de materiales necesarios para satisfacer la demanda que se genera durante el tiempo de anticipación, más las existencias de seguridad. (Moya Navarro, 1990)

2.8 PRONÓSTICOS

Se puede clasificar los problemas de pronósticos de acuerdo con varias dimensiones. Una es el horizonte de tiempo. En la figura 2.2 se presenta un esquema que muestra los tres horizontes cronológicos relacionados con el pronóstico y los problemas normales del pronóstico que se encuentran en la planeación de operaciones asociadas con cada uno. Los pronósticos a corto plazo nos ayudan para la planeación día con día, normalmente son medidas en días o semanas. Son de utilidad para la administración de inventarios; para planes de producción que pueden derivarse de un sistema de planeación de requerimiento de materiales; y para la planeación de requerimiento de recursos. La programación de turnos puede requerir que se pronostiquen las preferencias y disponibilidades de los trabajadores.

El mediano plazo se mide en semanas y meses. La producción a largo plazo y las decisiones de fabricación son parte de la estrategia global de fabricación de la compañía. Un ejemplo es planear a largo plazo las necesidades de capacidad. Cuando se espera que las demandas se incrementen, la compañía debe planificar la construcción de nuevas instalaciones y/o el ajuste de las instalaciones existentes con nuevas tecnologías. Las decisiones de planeación de la capacidad pueden requerir del despido de personal en algunos casos.

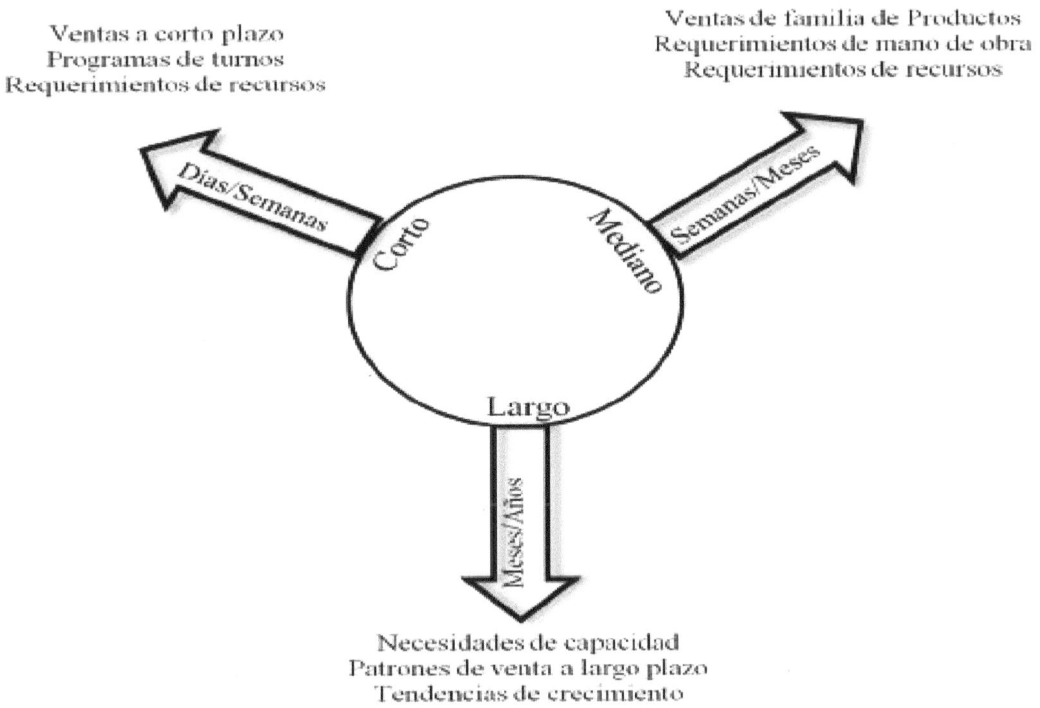

Ventas a corto plazo
Programas de turnos
Requerimientos de recursos

Ventas de familia de Productos
Requerimientos de mano de obra
Requerimientos de recursos

Días/Semanas — Corto
Semanas/Meses — Mediano
Meses/Años — Largo

Necesidades de capacidad
Patrones de venta a largo plazo
Tendencias de crecimiento

Figura 2.2 Horizontes de pronóstico en la planeación de operaciones

2.8.1 Características de los Pronósticos Normalmente están equivocados.

- Un buen pronóstico es más que un simple número.
- Los pronósticos agregados son más exactos.
- Entre más lejano sea el horizonte de pronóstico, menos exacta será la predicción.
- Los pronósticos no deben usarse para excluir información conocida.

2.8.2 Métodos Subjetivos de Pronósticos

Los métodos de pronóstico se clasifican como subjetivos u objetivos. Un método subjetivo se basa en el juicio humano. Existen varias técnicas para solicitar opiniones y con base en estas poder pronosticar. A continuación sólo se mencionan las más comunes.

1.- Agregados de la fuerza de ventas.
2.- Encuesta al cliente.
3.- Juicio de opinión ejecutiva.
4.- Método Delphi (Delfos en español).

2.9 MÉTODOS OBJETIVOS DE PRONÓSTICO

Los métodos objetivos de pronóstico son aquellos en los que el pronóstico se deriva de un análisis de datos. Un método de series de tiempo es aquel que usa solo valores pasados en cuanto al fenómeno que se quiere predecir. Los modelos causales son aquellos que usan datos provenientes de fuentes distintas a las series que estás pronosticando: esto es, pueden existir otras variables con valores que están vinculadas de alguna forma a los que se está pronosticando.

2.9.1 Modos Causales

Los modelos causales tratan de entender el sistema básico en torno al elemento que será pronosticado. Y se mencionan a continuación.
- Análisis de regresión
- Modelos econométricos
- Matriz de insumos/productos
- Indicadores líderes

2.9.2 Análisis de Series de Tiempo.

Se basa en la idea de que podemos usar la historia de los hechos ocurridos para prever el futuro. En el análisis de series de tiempo se intenta aislar los patrones que surgen con mayor frecuencia que son:

- *Tendencia.* Se refiere a la proclividad de una serie de tiempo a exhibir un patrón estable de crecimiento o de declive. Se distinguimos entre la tendencia lineal (el patrón descrito por una línea recta) y la tendencia no lineal (el patrón descrito por una función no lineal, como una curva exponencial o cuadrática). Cuando no se especifica el patrón de la tendencia, generalmente se da por hecho que es lineal.

- *Estacionalidad.* Es aquél que se repite en intervalos fijos, que pueden ser diarios, semanales, mensuales y anuales.

- *Ciclos.* La variación cíclica es similar a la estacionalidad, excepto porque la duración y la magnitud del ciclo pueden variar. Los ciclos se asocian con variaciones económicas a largo plazo que pueden presentarse además de las fluctuaciones estacionales.

- *Aleatoriedad.* Una serie aleatoria pura es aquella en la que no existe un patrón reconocible para los datos. Los datos pueden generarse de una forma que, aun siendo puramente aleatoria, muchas veces aparenta tener una estructura. los datos verdaderamente aleatorios que fluctúan en torno a una media fija forman lo que se conoce como patrón horizontal.

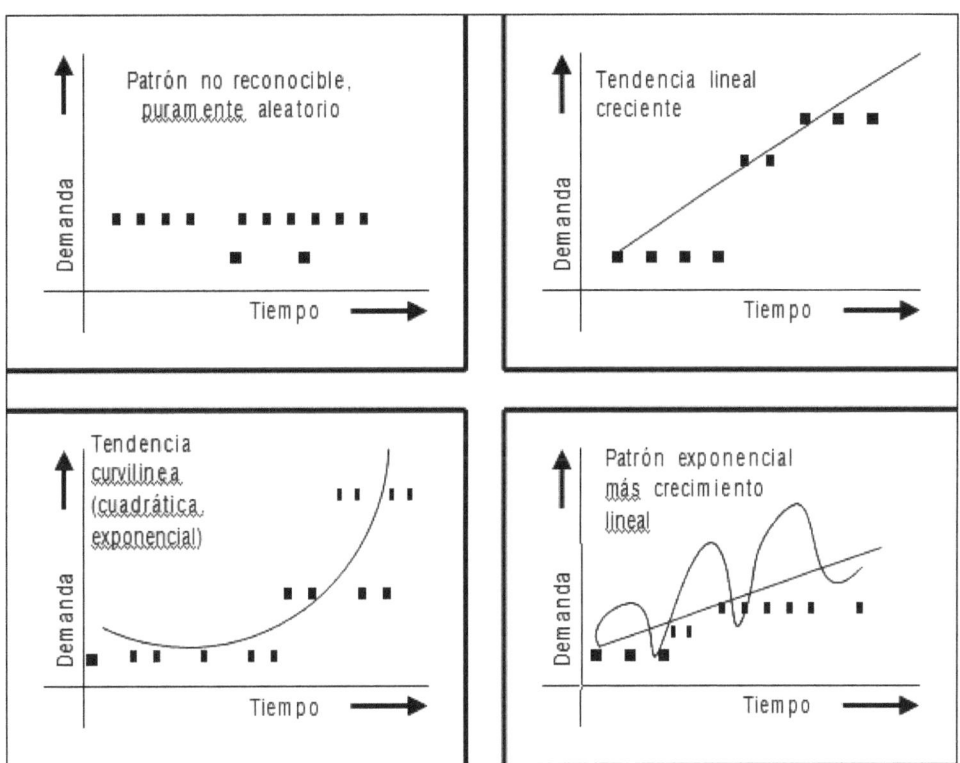

Figura 2.3 Patrones de series de tiempo

CAPITULO III.- APLICACIONES DE LOGISTICA Y CADENA DE SUMINISTRO

3.1 CADENA DE SUMINISTRO

La cadena de suministro es el movimiento de los materiales a medida de que fluyen desde su origen hasta el consumidor final.

La cadena de suministro incluye la extracción, compra, fabricación, almacenamiento, transporte, servicio al cliente, planificación de la demanda, planificación de la oferta. Se compone de las personas, actividades, información y recursos involucrados en el movimiento de un producto desde su proveedor hasta el cliente.

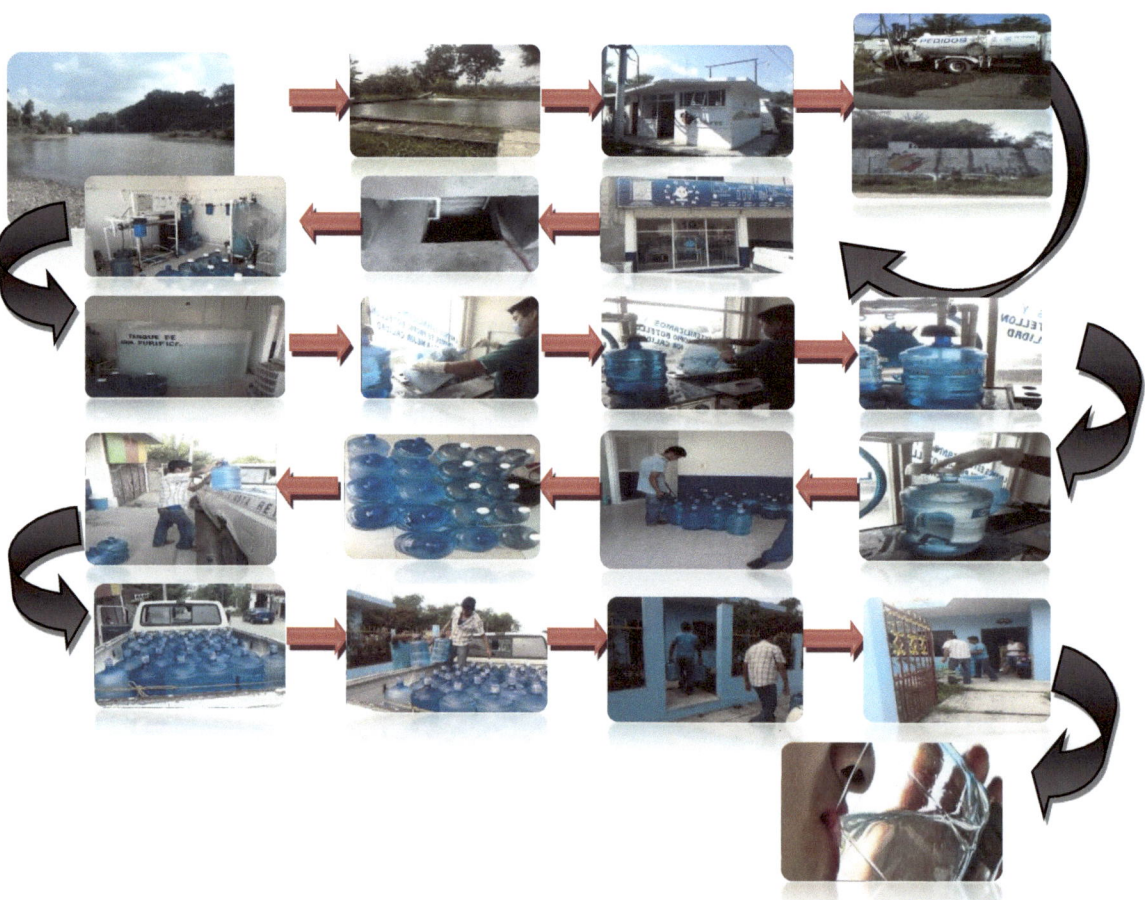

Figura 3.1 Visibilidad de la cadena de suministro

En la figura 3.1 se puede observar la visibilidad de la cadena de suministro, que maneja la purificadora La Gota Reyna, como se puede observar la materia prima principal es el agua, la cual es extraída del río de la bomba, de ahí parte el proceso de traslado del agua hasta la purificadora, ya sea por dos medios, por el de agua potable de red ó por agua comprada de pipas, mismas que llegan al almacén de la purificadora que son piletas donde es almacenada por un corto tiempo, de aquí parte el proceso de purificación del agua, aplicado diferentes tipos de análisis exhaustos para cumplir con un agua de calidad y cero impurezas, a través de procesos como luz ultravioleta, mismos procesos que se llevan más a fondo, cuando el agua es totalmente pura y está lista para ser vendida, se almacena en un contenedor de aproximadamente 1000 litros, mientras que en otra línea se realiza el proceso de lavado de los botellones, donde posteriormente se procede al llenado de los mismos, al término de ello se les pone la tapa, son sellados y almacenados, por lo menos dos horas, cuando se tiene el suficiente producto se carga al transporte para que pueda empezar la distribución hasta el cliente final.

3.2 PRINCIPALES PROCESOS DE PURIFICACIÓN DE AGUA

Dentro de los procesos de purificación de agua, existen muchas alternativas de empresas que proveen su tecnología de purificación de agua, así mismo, ofrecen diferentes capacidades, las cuales están disponibles en el mercado. Según las características del agua a tratar se requiere de un sistema de purificación básica o de ósmosis.

A continuación se mencionan los principales procesos para purificar agua en los casos en que el agua a tratar tenga las siguientes características:

- El agua tenga una dureza total (Calcio y Magnesio) superior a 200 ppm (Partes Por Millón es decir mg/L).
- El agua tenga Sólidos Disueltos Totales superiores a 500 ppm.

El agua con tales características requiere de un sistema de purificación de tipo ósmosis inversa. Si el agua a tratar tiene menor dureza y menos Sólidos Disueltos Totales requieren de un proceso de purificación de tipo básico.

Descripción del proceso

1. Recepción de agua potable.

Se recibe el agua potable suministrada por la red municipal, la cual llega con una elevada carga mineral, lo cual justifica su purificación para el consumo humano. Esta agua se capta en tanques de polietileno, los cuales se lavan y sanitizan periódicamente.

2. Bombeo a los equipos de filtración.

El agua se suministra a los equipos de filtración mediante una bomba sumergible, la cual es muy silenciosa y proporciona el caudal y la presión necesarios para llevar a cabo eficientemente la filtración.

3. Filtro de sedimentos.

Este filtro detiene las impurezas grandes (sólidos hasta 30 micras) que trae el agua al momento de pasar por las camas de arena. Este filtro se regenera periódicamente; retrolavandose a presión, para desalojar las impurezas retenidas.

4. Filtro de carbón activado.

El agua se conduce por columnas con Carbón Activado. Este carbón activado elimina eficientemente el cloro, sabores y olores característicos del agua de pozo, además de una gran variedad de contaminantes químicos orgánicos, tales como: pesticidas, herbicidas, metilato de mercurio e hidrocarburos clarinados.

5. Suavizador.

Este filtro remueve del agua minerales disueltos en la forma de Calcio, Magnesio, y Hierro. La remoción de estos minerales se logra por medio de un proceso de intercambio iónico al pasar el agua a través del tanque de resina. El suavizador disminuye las sales disueltas antes de pasar al equipo de ósmosis inversa.

6. Sistema de ósmosis inversa.

La ósmosis inversa separa los componentes orgánicos e inorgánicos del agua por el uso de presión ejercida en una membrana semipermeable mayor que la presión osmótica de la solución. La presión fuerza al agua pura a través de la membrana semipermeable, dejando atrás los sólidos disueltos. El resultado es un flujo de agua pura, esencialmente libre de minerales, coloides, partículas de materia y bacterias.

7. Captación de agua purificada.

El agua ya purificada se almacena en otro tanque de polietileno.

8. Bombeo final.

El agua purificada se bombea mediante un equipo hidroneumático a la lámpara de luz ultravioleta, luego al filtro pulidor y finalmente a los llenadores.

9. Esterilizador de luz ultravioleta.

Funciona como germicida, anula la vida de las bacterias, gérmenes, virus, algas y esporas que vienen en el agua. Los microorganismos no pueden proliferar ya que mueren al contacto con la luz.

10. Filtro pulidor.

La función de este filtro es de detener las impurezas pequeñas (sólidos hasta 5 micras). Los pulidores son fabricados en polipropileno grado alimenticio FDA (Food and Drug Administration). Después de este paso se puede tener un agua brillante, cristalina y realmente purificada.

11. Lavado exterior.

De manera muy independiente se lleva a cabo el proceso de recepción, y lavado exterior del garrafón, por medios mecánicos, jabón biodegradable y agua suavizada.

12. Lavado interior.

Después del lavado exterior, el garrafón se lava interiormente mediante una solución sanitizante a presión y se enjuaga mediante agua suavizada a presión.

13. Llenado.

Finalmente se llena el garrafón, se pone una tapadera nueva, se seca y se entrega al cliente o se almacena para distribuirlo posteriormente.

14. Sellado.

En cuanto el garrafón este tapado se sella, para darle mejor seguridad al producto.

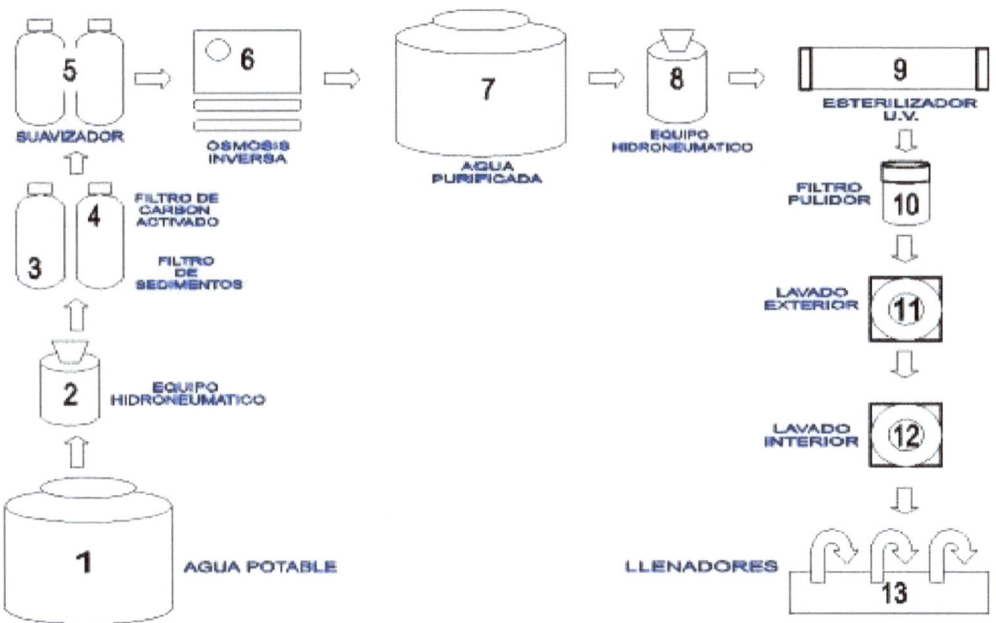

Figura 3.2 Proceso de purificación de tipo ósmosis

3.3 CANAL DE DISTRIBUCIÓN

La distribución es un conjunto de actividades cuyo objetivo consiste en llevar el producto del fabricante al consumidor.

Un sistema de distribución consiste en establecer la línea que debe seguir el producto desde que sale de la industria hasta que llega al consumidor final. Los sistemas de distribución pueden ser directos o por medio de intermediarios que actúan como mayoristas o minoristas.

El canal de distribución que generalmente usa la purificadora La Gota Reyna, es el de fabricante - consumidor, sin dejar de mencionar que la empresa también vende directamente en el local y considera algunos intermediarios mayorista para la venta del producto.

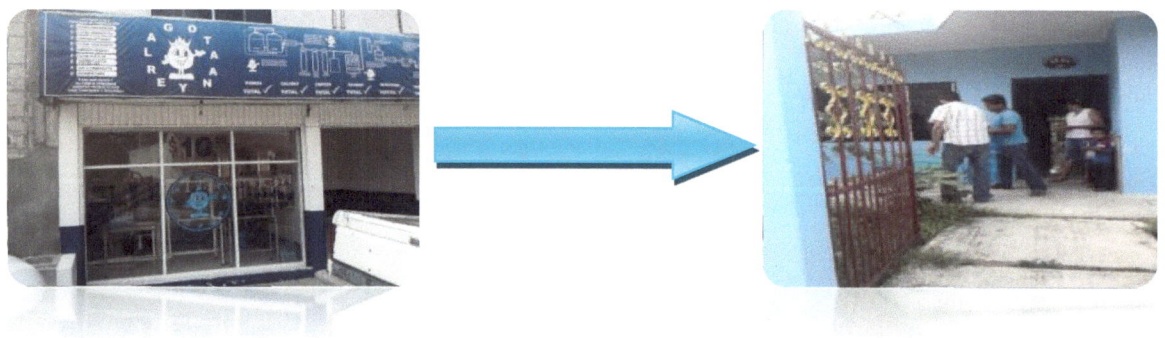

Figura 3.3 canal de distribución de la empresa

En la figura 3.3 se puede observar la cadena de suministro que maneja la empresa, ya que el proyecto se enfoca solamente en el agua que es vendida ambulantemente y este es el principal canal.

3.4 RUTAS DE DISTRIBUCIÓN

En la siguiente imagen se puede observar las 6 rutas que maneja la purificadora la gota reyna para la distribución y venta del agua purificada, en estas rutas se encuentran sus clientes potenciales, los cuales conforman aproximadamente 200 clientes.

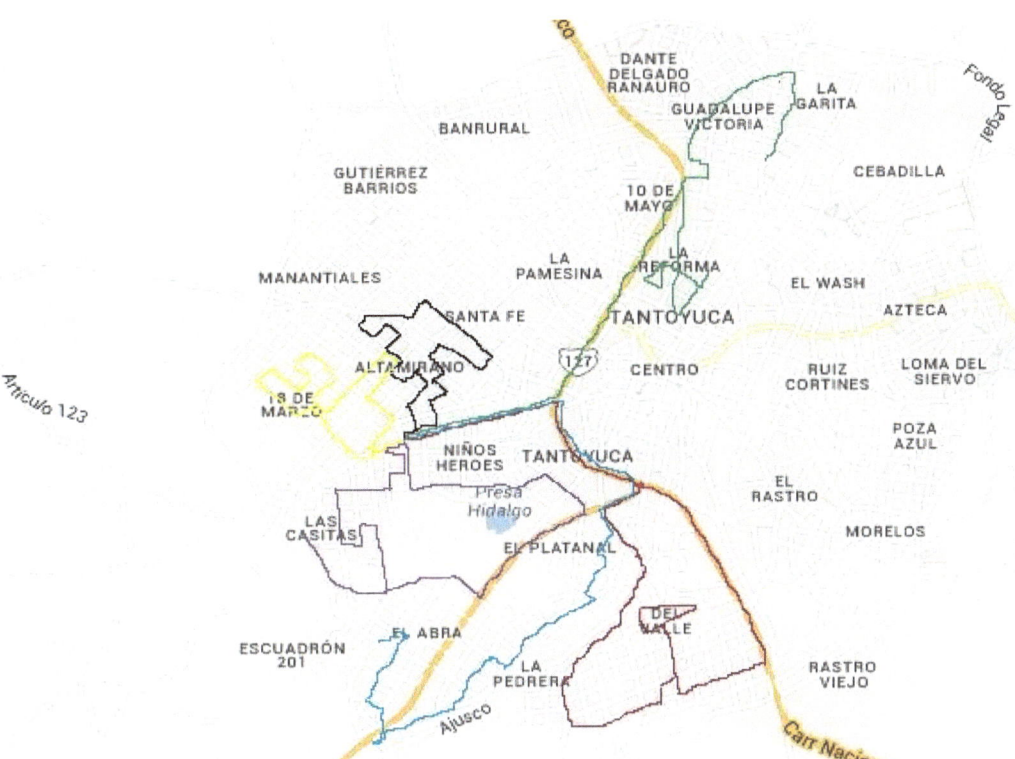

Figura 3.4 Principales rutas de reparto de agua purificada

Tabla 3.1 identificación de las rutas

Ruta	Nombres	Colores de línea, para identificación en el mapa
1	Altamirano	▬▬▬▬▬▬▬
2	Valle	▬▬▬▬▬▬▬
3	Abra	▬▬▬▬▬▬▬
4	Garita	▬▬▬▬▬▬▬
5	Casitas	▬▬▬▬▬▬▬
6	18 de marzo	▬▬▬▬▬▬▬

3.5 FLUJO DE INFORMACIÓN

El flujo de información que utiliza la empresa, es donde "La Gota Reyna" hace llegar el producto al cliente a través de transporte y se le da a conocer el precio y la información del producto, el cliente transfiere los fondos a la empresa, quien a su vez se encarga de transmitir la información al almacén para conocer el número de pedidos requeridos para satisfacer la demanda actual y tenerlo en inventario.

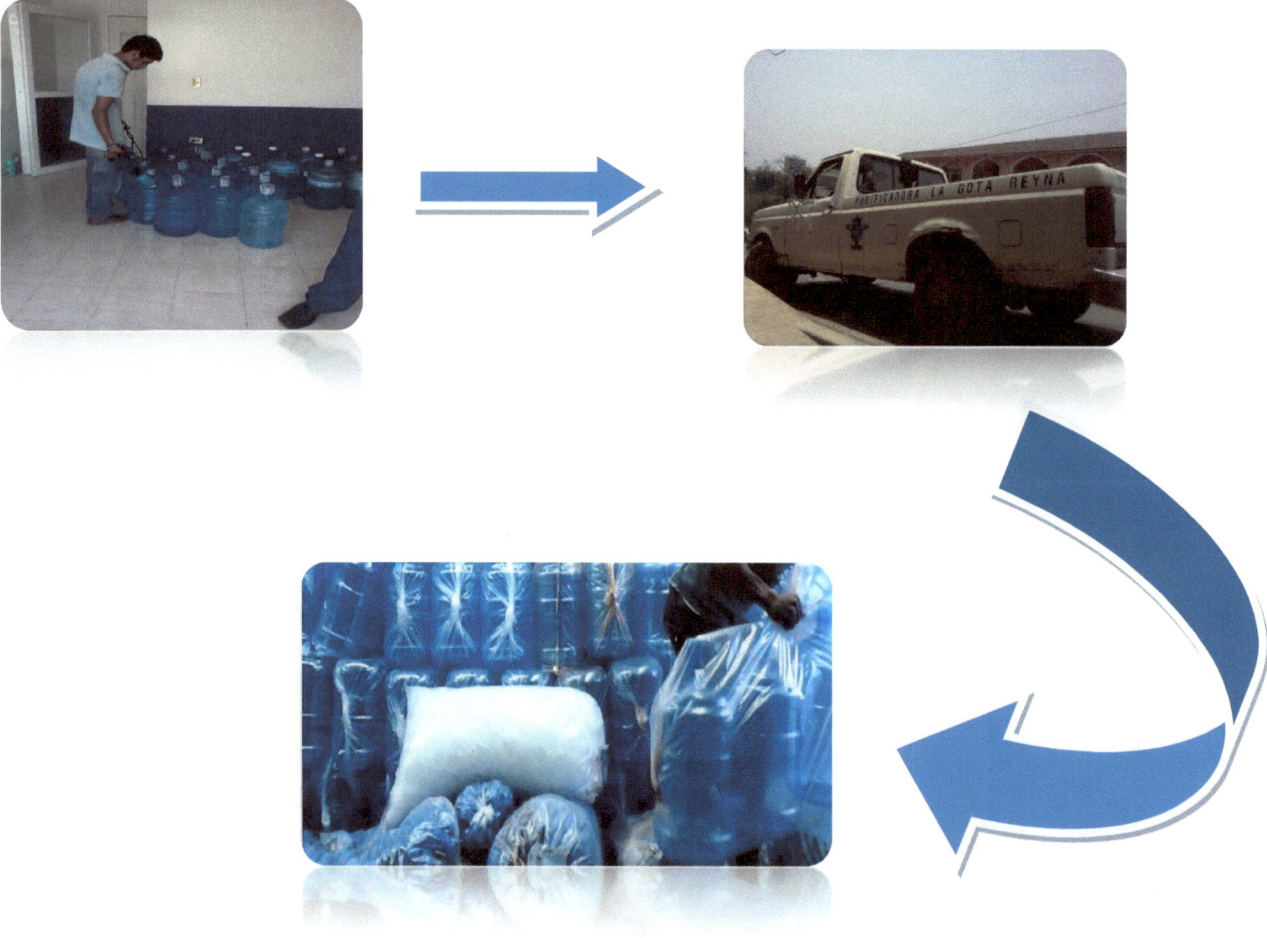

Figura 3.5 Flujo de la información

3.6 NIVELES DE ALMACÉN

Desde el punto de vista operativo, la función del almacén tiene un doble enfoque: como actividad al servicio del proceso productivo o de la organización distributiva. En el primer caso, el almacén de aprovisionamiento se constituye en un sistema de alimentación del proceso productivo, colaborando en la uniformidad y continuidad de éste; es el eslabón que une la producción con el cliente. En el segundo caso, el almacén se constituye como un sistema de alimentación al mercado, ayudando a la función de ventas a proporcionar un servicio eficaz al cliente en este caso sería la pieza de la cadena que enlaza la producción con el cliente.

Los niveles de almacén que maneja la empresa La Gota Reyna como se observa en la tabla 3.1, se trata de materia prima y no necesariamente de producto terminado, la capacidad utilizada está proyectada para un mes de producción y el nivel de almacén está asegurado para el mes siguiente y también en caso, de que la demanda se mayor a la pronosticada se analizó el mes de Abril del 2013 y los resultados fueron los siguientes.

Tabla 3.2 Nivel de Almacén Mensual de la Gota Reyna

MATERIA PRIMA	UNIDAD DE MEDIDA	CAPACIDAD UTILIZADA EN UN MES	NIVEL DE STOCKS
Garrafones	Pieza	15 Piezas	100 Piezas
Tapas	Millar	4 Millares	2 Millares
Sellos	Millar	4 Millares	2 Millares
Jabón especial	Litro	1 Litro	4 Litros
Cloro especial	Kilogramo	1 Kilogramo	4 Kilogramos
Desinfectante de tapas	Litro	1 Litro	4 Litros
Sal	Bulto(50Kg)	8 Bultos	1 Bulto
Carbón activado	Pie cuadrado	5.08 P^2	55.88 P^2
Resina catiónica	Pie cuadrado	5.08 P^2	55.88 P^2
Gravilla	Pie cuadrado	5.08 P^2	55.88 P^2
Reactivos para muestra	Pieza	108 Piezas	892 Piezas
Cepillo para desinfectar	Pieza	1 Pieza	2 Piezas
Mandil	Pieza	1 Pieza	3 Piezas
Guantes	Pieza	4 Piezas	6 Piezas
Cubre bocas	Pieza	100 Piezas	100 Piezas
Cofia	Pieza	100 Piezas	100 Piezas

En la tabla 3.2 se puede observar la cantidad de material utilizado en un mes y también el nivel de almacén con el que se cuenta, en este caso existen materiales que están almacenados, por semanas, meses y hasta un año.

En el caso de los garrafones se definen 15 piezas de capacidad utilizada ya que debido a la vida útil de los garrafones en uso se pierden de 3 a 5 por semana teniendo un promedio de 15 piezas perdidas y son suplidas con lo que se tiene en almacén, contando con un inventario de seguridad accesible para cuando ocurra la perdida de este material. En el caso de las tapas y los sellos se conoce que se utilizan al mes 4 millares de ellos y en almacén se tiene 2 millares de cada material debido a que el proveedor visita al dueño cada 15 días y no deja más material de lo que necesita, si no, el indispensable para cubrir dos semanas. El jabón especial, cloro especial, desinfectante de tapas tiene una duración de meses ya que debido a la capacidad de producción es suficiente utilizar un litro por mes. En el caso del material de higiene, cofias, guantes, mandiles se tiene lo suficiente para abastecer el mes próximo y no existe problema. Otros materiales que se utilizan es la resina cationica, carbón activado, gravilla y son materiales que se tienen en existencia y su duración es de exactamente 1 año, al igual que los reactivos para la muestra.

En síntesis la empresa tiene su inventario de acuerdo a lo que vaya requiriendo para su producción y no excede a tener un almacén amplio.

3.7 COSTO DE MANTENER INVENTARIO

El nivel de almacenamiento con el que cuenta la purificadora La Gota Reyna varía según el volumen de ventas, sin embargo se mantiene materia prima en existencia por si la demanda resulta ser elevada para algunas ocasiones, ya que un factor importante para sobrepasar la demanda estimada depende del clima ambiental.

Tabla 3.3 costos del inventario en almacén

MATERIA PRIMA	UNIDAD DE MEDIDA	NIVEL DE ALMACÉN	COSTO POR UNIDAD	COSTO DE LAS UNIDADES EN STOCKS
Garrafones	Pieza	100 Piezas	$50.00	$5,000.00
Tapas	Millar	2 Millares	$450.00	$900.00
Sellos	Millar	2 Millares	$115.00	$230.00
Jabón especial	Litro	4 Litros	$100.00	$400.00
Cloro especial	Kilogramo	4 Kilogramos	$37.50	$150.00
Desinfectante de tapas	Litro	4 Litros	$100.00	$400.00
Sal	Bulto(50Kg)	1 Bulto	$120.00	$120.00
Carbón activado	Pie cuadrado	55.88 P2	$14.90	$832.61
Resina catiónica	Pie cuadrado	55.88 P2	$114.75	$6,412.23
Gravilla	Pie cuadrado	55.88 P2	$13.43	$750.46
Reactivos para muestra	Pieza	892 Piezas	$0.35	$312.20
Filtros poli espuma	Pieza	2 Piezas	$1,000.00	$2,000.00
Pistola de calor	Pieza	1 Pieza	$900.00	$900.00
Lámpara de luz ultravioleta	Pieza	2 Pieza	$200.00	$400.00
Cepillo para desinfectar	Pieza	2 Piezas	$100.00	$200.00
Mandil	Pieza	3 Piezas	$50.00	$150.00
Guantes	Pieza	6 Piezas	$22.00	$132.00
Cubre bocas	Pieza	100 Piezas	$0.50	$50.00
Cofia	Pieza	100 Piezas	$0.30	$30.00
COSTO DE LOS STOCKS				$19,369.50

En la tabla 3.3 se muestra la materia prima que se tiene en almacén y el capital invertido en él, debe considerarse que algunos materiales están almacenados hasta por un año, por ejemplo; el carbón activado, resina cationica, la gravilla ya que la venta de este material es por P^2 y según medidas estimadas el tiempo de vida útil es de un año y de acuerdo a la capacidad que está produciendo la empresa es factible para se utilice en el mismo, al igual que los reactivos para las pruebas que es un kit que tiene la misma duración. En segundo lugar el material que pasa almacenado por más tiempo después de lo mencionado es el cepillo desinfectante de garrafones, ya que la limpieza de cada uno de ellos depende de este objeto, y se mantiene en almacenamiento por cualquier incidente que pueda ocurrir con el que se tenga en uso, en un tiempo más corto pero no dejando de ser importante se tienen los garrafones ya que la empresa tiene mucha pérdida de ellos en el ámbito de trabajo ya sea por mal uso del cliente o por la baja calidad del material con el que está hecho, pero sin duda se mantiene este almacén para tomar aproximadamente cinco de ellos por semana, dependiendo del scrap que resulte. El jabón especial, cloro especial y desinfectante de tapas están almacenados para un tiempo de cinco meses, ya que la venta de este material, es en contenedores de cinco litros y para el nivel de producción que la purificadora tiene establecido se necesita un litro de cada sustancia antes mencionada para su uso. Las tapas, sellos, equipo de higiene como, cofias, guantes, cubre bocas y mandiles se compran con más frecuencia y se mantiene al menos 2 millares de tapas y sellos en existencia y al menos se cuenta con 3 mandiles, 3 pares de guantes, 100 cofias y 100 cubre bocas, almacenadas por si el uso de este producto rebasa las expectativas pronosticadas por mes.

El costo que genera todo este material en almacén es de $19,369.50, que es el inventario que está parado. Y que será utilizado conforme lo requiera la demanda de venta de agua purificada.

3.8 PRONÓSTICOS

Los pronósticos nos sirven para conocer el comportamiento de las ventas del producto en un futuro, ya sea a corto, mediano o largo plazo, cabe mencionar que la empresa no contaba con ningún tipo de pronóstico para la venta del agua purificada, por lo que en este proyecto se decidió realizar tres tipos de métodos para determinar cuál es el mejor para la empresa.

Los pronósticos que se realizaron fueron, el Promedio Móvil Ponderado, Suavización Exponencial y Winters., mismos que fueron utilizados para conocer la demanda de los meses de abril, mayo y junio del 2013.

A continuación se muestran en la tabla 3.4 los datos de las ventas anuales del año 2012 y las de los meses recientes.

Tabla 3.4 Numero de garrafones de agua vendidos por mes.

Venta de agua	
Mes	**Venta de garrafones de agua**
Enero 12	2,496
Febrero 12	2,901
Marzo 12	3,491
Abril 12	3,174
Mayo 12	3,230
Junio 12	3,426
Julio 12	3,355
Agosto 12	3,346
Septiembre 12	3,601
Octubre 12	3,388
Noviembre 12	3,292
Diciembre 12	3,061
Enero 13	3,220
Febrero 13	2,605
Marzo 13	3,344
Abril 13	3,303

A continuación se presenta el análisis realizado de los tres métodos utilizados.

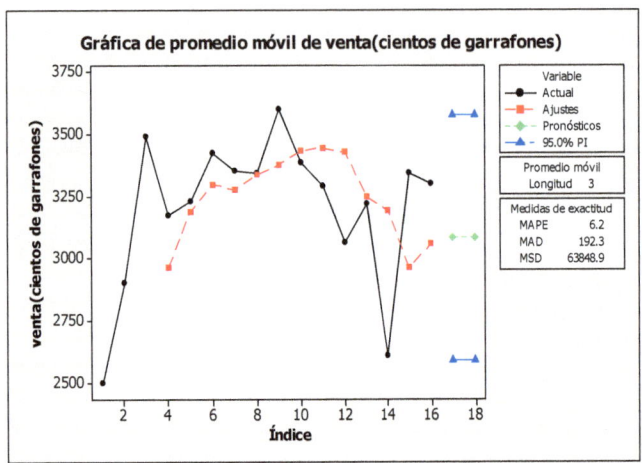
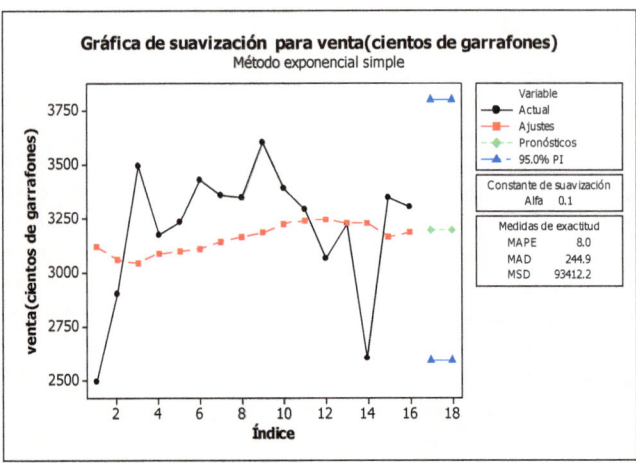

Figura 3.5 Grafica del Pronóstico de Promedio Móvil

Figura 3.6 Grafica del Pronóstico por Suavización Exponencial

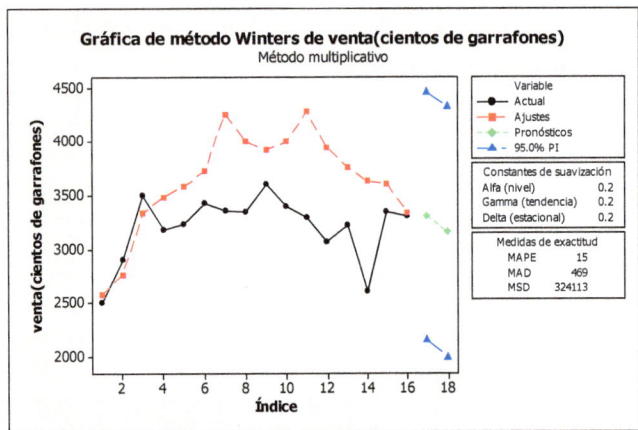

Figura 3.7 Grafica del Pronóstico del Método Winters

Los tres métodos arrojan cantidades diferentes y se ven expresados en la tabla 3.4 (Análisis de los Pronósticos) para conocer que método se acerca más a la venta real, la cantidad que se maneja es cientos de garrafones en cada una de las columnas.

Tabla 3.5 Análisis de los Pronósticos

Mes	venta real	promedio Móvil	Residual	suavización exponencial	Residual	Winters	Residual
ene-12	2,496			3,120	-624	2,571	-75
feb-12	2,901			3,057	-156	2,758	143
mar-12	3,491			3,042	449	3,326	165
abr-12	3,174	2,963	211	3,087	87	3,480	-306
may-12	3,230	3,188	42	3,095	135	3,574	-344
jun-12	3,426	3,298	128	3,109	317	3,723	-297
jul-12	3,355	3,276	79	3,140	215	4,251	-896
ago-12	3,346	3,337	9	3,162	184	3,999	-653
sep-12	3,601	3,376	225	3,180	421	3,919	-318
oct-12	3,388	3,434	-46	3,222	166	3,996	-608
nov-12	3,292	3,445	-153	3,239	53	4,277	-985
dic-12	3,061	3,427	-366	3,244	-183	3,934	-873
ene-13	3,220	3,247	-27	3,226	-6	3,755	-535
feb-13	2,605	3,191	-586	3,225	-620	3,627	-1,022
mar-13	3,344	2,962	382	3,163	181	3,599	-255
abr-13	3,303	3,056	247	3,181	122	3,330	-27
may-13	3,865	3,084	781	3,193	672	3,300	565
jun-13	?	3,504		3,193		3,153	

En la tabla 3.5 se observa que los métodos más apegados a la venta real es Promedio Móvil Ponderado y Suavización exponencial, para poder elegir el mejor método de pronostico se realizara un análisis de regresión lineal en base a los datos de los meses (t) y la demanda (y), considerando que las medidas de exactitud para conocer el grado de dispersión de los errores del pronostico se muestra en la tabla 3.6.

Tabla 3.6 Medidas de Exactitud de los pronósticos

	MAPE	MAD	MSD
Promedio móvil ponderado	6.2	192.3	63848.9
Suavización exponencial	8.0	244.9	93412.2

El método que presenta menores cantidades en el error porcentual medio absoluto, cuadrado del error medio y desviación media absoluta, es nuevamente el método Promedio

Móvil Ponderado, con una diferencia poco significativa con el método de Suavización Exponencial.

Para dejar aclarada esta incógnita se realizan las siguientes operaciones con la ecuación de regresión lineal y de esta manera tomar la mejor decisión con respecto al pronóstico que deberá utilizar la empresa.

La forma más simple del modelo de regresión supone una tendencia lineal con el tiempo. Si $\bar{y}$ representa el valor estimado de la variable en el tiempo t, el modelo de regresión lineal esta dado por esta fórmula. $\bar{y} = a + bt$

Formulas a utilizar: $b = \dfrac{\sum_{i=1}^{n} y_i t_i - n\bar{y}\bar{t}}{\sum_{i=1}^{n} t_i^2 - n\bar{t}^2}$; $a = \bar{y} - b\bar{t}$; $\bar{t} = \dfrac{\sum_{i=1}^{n} t_1}{n}$; $\bar{y} = \dfrac{\sum_{i=1}^{n} y_1}{n}$;

$r = \dfrac{\sum_{i=1}^{n} y_i t_i - n\bar{y}\bar{t}}{\sqrt{(\sum_{i=1}^{n} t_1^2 - n\bar{t}^2)(\sum_{i=1}^{n} y_i^2 - n\bar{y}^2)}}$

3.7 Análisis de los Métodos

Método Promedio Móvil Ponderado	Método de Suavización Exponencial
$\sum_{i=1}^{15} y_i t_i = 391{,}037$	$\sum_{i=1}^{15} y_i t_i = 382{,}043$
$\sum_{i=1}^{15} t_i = 120$	$\sum_{i=1}^{15} t_i = 120$
$\sum_{i=1}^{15} t_i^2 = 1240$	$\sum_{i=1}^{15} t_i^2 = 1240$
$\sum_{i=1}^{15} y_i = 48{,}032$	$\sum_{i=1}^{15} y_i = 47{,}311$
$\sum_{i=1}^{15} y_i^2 = 154{,}821{,}180$	$\sum_{i=1}^{15} y_i^2 = 149{,}286{,}343$
$\bar{t} = 8$ $\bar{y} = 3{,}202.1$	$\bar{t} = 8$ $\bar{y} = 3{,}154.06$
$b = \dfrac{391{,}037 - 15 \times 3{,}202.13 \times 8}{1240 - 15 \times 8^2} = 24.219$	$b = \dfrac{382{,}043 - 15 \times 3{,}154.06 \times 8}{1240 - 15 \times 8^2} = 12.699$
$a = 3{,}202.13 - 24.219 \times 8 = 3{,}008.378$	$a = 3{,}154.06 - 12.699 \times 8 = 3{,}052.468$

El pronóstico (valor estimado) de la demanda futura se puede determinar de la ecuación.	El pronóstico (valor estimado) de la demanda futura se puede determinar de la ecuación.
$\bar{y} = 3{,}008.13 - 24.219 \times 16 = 3{,}396$	$\bar{y} = 3{,}052.468 - 12.699 \times 16 = 3{,}256$
El coeficiente de correlación queda determinado de la siguiente manera.	El coeficiente de correlación queda determinado de la siguiente manera.
$r \dfrac{391{,}037 - 15 \times 3{,}202.13 \times 8}{\sqrt{(1240 - 15 \times 8^2)(154{,}821{,}180 - 15 \times 3{,}202.13}}$	$r \dfrac{382{,}043 - 15 \times 3{,}154.06 \times 8}{\sqrt{(1240 - 15 \times 8^2)(149{,}286{,}343 - 15 \times 3{,}154.06^2}}$
r = 0.40	r = 0.000076 ≈ 0.8

Donde $-1 \leq r \leq 1$ un ajuste lineal perfecto ocurre cuando r = ± 1. En general entre más cerca este el valor de $|r|$ a 1, mejor es el ajuste lineal. (Taha, 1995, pág. 470)

3.4.1 Análisis de los Métodos

En la tabla 3.7 se observa el análisis realizado con la formula de regresión lineal, mismo que se realizo con la finalidad de conocer que método se ajusta más a la demanda real de garrafones de agua en la empresa.

Se conoce que la demanda para el mes de abril es de 3,303 garrafones de agua y en el método de promedio móvil utilizando regresión lineal determina que son 3,396, mientras que en suavización exponencial con base a regresión es de 3,256 y el método que resulta más cercano es el método de suavización exponencial con una diferencia de 47 garrafones mientras que el promedio móvil rebasa la demanda con tan solo -93 garrafones de agua, considerando suavización exponencial el mejor.

El coeficiente de correlación si bien lo menciona (Taha, 1995) debe tener un ajuste perfecto y cuanto más cercano sea el valor a ± 1, mejor será la certidumbre del método.

El coeficiente de correlación del método de promedio móvil fue de 0.40 mientras que el de suavización exponencial resulto de 0.000076 ≈ 0.8, se redondea esta cantidad, por la siguiente teoría; "Redondeo: Técnica utilizada para retener solo algunos dígitos de un numero. La regla que se utiliza para hacerlo es conservar las cifras significativas y descartar el resto. El ultimo digito que se conserva se aumenta en uno si el primer digito descartado es igual o mayor a 5. De otra manera se deja igual. (C.S & R., 2007)

Tabla 3.8 Resumen de los métodos

	Promedio Móvil Ponderado	Suavización Exponencial
Demanda Abril 2013	3,396 Garrafones de agua	3256 Garrafones de agua
Coeficiente de correlación	0.40	0.8

Tomando en cuenta las reglas analizadas, se puede tomar decisiones, en este caso el método que da mejor resultado véase en la tabla 3.8 es efectivamente el de suavización exponencial, ya que se apega mas a la demanda del producto. Sin duda es el mejor método y está sustentado con análisis de regresión lineal para su confirmación.

Las demandas para los meses de Abril, Mayo y Junio del 2013 quedan de la siguiente manera.

Tabla 3.9 Pronóstico a Corto Plazo

Mes	Venta de garrafones de agua
Abril 2013	3,256
Mayo 2013	3,194
Junio 2013	3,194

Con la proyección de la demanda para los futuros meses (tabla 3.9) se debe analizar que tantos insumos se van a requerir para satisfacerla, por ejemplo en el mes de Junio 2013 se debe contemplar el siguiente material tabla 3.10.

Tabla 3.10 Cantidad requerida de material para pronóstico

Material	cantidad
Garrafones	15 piezas
Tapas	3,194 piezas
Sellos	3,194 piezas
Jabón E.	1 litro
Cloro E.	1 litro
Desinfectante de tapas	1 litro
Carbón activado	5.08 P^2
Resina cationica	5.08 P^2
Gravilla	5.08 P^2
Reactivos M.	108 piezas
Cepillo desinfectante	1 pieza
Mandil	1 pieza
Guantes	4 piezas
Cubre boca	100 piezas
Cofia	100 piezas

En la tabla 3.10 se muestra la cantidad de insumos que se requieren para satisfacer la demanda pronosticada para el mes de Junio del 2013, estos insumos pueden ser abastecidos mes, tras mes con el nivel de stocks con el que cuenta la empresa, tabla 3.3, ya que la empresa continuamente abastece esa cantidad en almacén para tener plena confianza por si la demanda rebasa la producción pronosticada.

3.9 SEGMENTACIÓN DE MERCADO

La segmentación de mercado es el proceso de identificar grupos de clientes con suficientes rasgos en común como para justificar que una empresa diseñe y suministre los productos o servicios que ese grupo mayoritario desea y necesita. (Krajewski & Ritzman, 2000, pág. 31)

La siguiente encuesta fue aplicada únicamente a los clientes potenciales de la purificadora de agua "la gota Reyna", que comprende el municipio de Tantoyuca Veracruz.

3.10 SELECCIÓN Y EVALUACIÓN DEL MERCADO META

ENCUESTA

Con el único objetivo de brindarle un mejor servicio, le pedimos amablemente contestar las siguientes preguntas.

1.- ¿Cuál bebida es de su preferencia?
a) Agua natural   b) Refrescos   c) Jugos   d) Agua de sabor   e) Otros

2.- ¿Regularmente cuánta agua natural toma al día?
a) 500 ml ó menos   b) 1 lt.   c) 1.5 lts.   d) 2 lts ó más

3.- ¿aproximadamente cuál es el consumo semanal de agua en garrafones en su casa?
a) 1 garrafón   b) 2 a 4   c) 5 a 7   d) más de 8

4.- ¿Qué días de la semana le gustaría que le brindaran el servicio? (2 días máximo)
a) Lunes   b) Martes   c) Miércoles   d) Jueves   e) Viernes   f) Sábado

5.- En que horario se le hace más conveniente recibir el agua en su hogar?

a) Mañana b) Medio día c) Tarde
(7:00am-11:00am) (11:00am-3:00pm) (3:00pm-7:00pm)

6.- En su opinión, ¿Cuál es la principal razón para consumir el agua de garrafón?

a) Por su sabor   b) Por el precio   c) Por su presentación   d) Por la calidad

7.- El precio que determino la empresa "La Gota Reyna" para cada garrafón de agua ¿le parece conveniente?

a) Si   b) No   porque:_____

8.- El trato que recibe por parte del vendedor, ¿Cómo lo califica?

a) Pésimo   b) Regular   c) Bueno   d) Excelente

9.- ¿Como califica en porcentaje la llegada del producto a su hogar, en cuestión de tiempo? (día, y hora)

  a) 20-40%   b) 40-60%   c) 60-80%   d) 80-100%

3.11 DETERMINACIÓN DE LA MUESTRA

Con la ecuación para determinar la muestra se conocerá cual es el número de personas exactas a las que se les debe aplicar la encuesta, considerando que se conoce el tamaño de la población de la empresa, que en este caso es N=200 y la población estándar de la población S^2 se maneja a 0,5, con un nivel de confianza del 95% siendo igual a Z=1,96 y el limite aceptable de error que se tomo para este análisis fue de $0,05^2$ y se encuentra en el límite aceptable.

A continuación se presenta el análisis para conocer el tamaño de la muestra.

$$n = \frac{(N)(\partial^2)(Z^2)}{(e^2)(N-1) + (\partial^2)(Z^2)} =$$

Donde:

n= Tamaño de la muestra

N= Tamaño de la población

∂^2= Desviacion estándar de la población 0,5

Z= Valor obtenido mediante nivel de confianza
   95%=1,96

☐=limite aceptable de error entre 1%(0,01) y 9%(0,09)

3.12 EVALUACIÓN DE LA ECUACIÓN

$$n = \frac{(200)(0.5^2)(1.96^2)}{(0.05^2)(200-1)+(0.5^2)(1.96^2)} = \frac{192.08}{1.4579} = 131 \text{ Encuestas}$$

Como se observa, el resultado que se obtuvo, con la aplicación de la ecuación para conocer n (tamaño de la muestra) fue de 131 encuestas, mismas que serán divididas entre las 6 rutas de reparto, con las que cuenta la empresa, siendo 21 encuestas que serán aplicadas aleatoriamente a las siguientes rutas:

Tabla 3.11 Numeración de las rutas de reparto

Ruta de Reparto	Numero Asignado
Altamirano	1
Valle	2
Abra	3
Garita	4
Casitas	5
18 de Marzo	6

A continuación se presenta el análisis de los resultados de las encuestas aplicadas a cada ruta, y la conclusión al respecto sobre cada una.

3.13 ANÁLISIS DE RESULTADOS DE LA ENCUESTA

1.- ¿Cuál bebida es de su preferencia?

a) Agua natural   b) Refrescos   c) Jugos   d) Agua de sabor   e) Otros

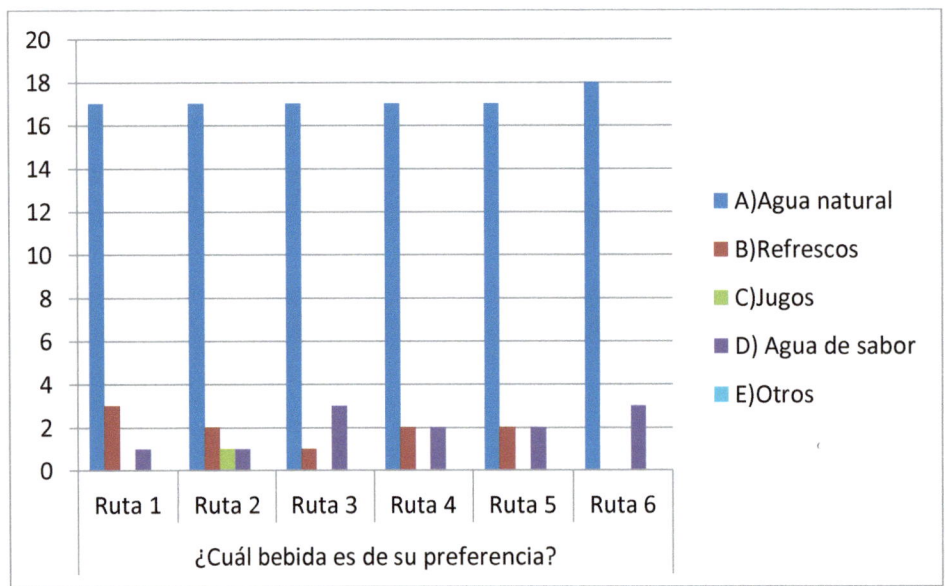

Figura 3.8 Grafica del Análisis de la encuesta

En la gráfica se puede observar que la mayoría de los clientes encuestados prefiere el agua natural, dándole el puntaje más alto al servicio que presta la empresa "La Gota Reyna" y en menores porcentajes pero no dejando de ser importante otras bebidas tales como; refrescos, agua de sabor,

2.- ¿Regularmente cuánta agua natural toma al día?

a) 500 ml ó menos   b) 1 litro.   c) 1.5 litros.   d) 2 litros ó más

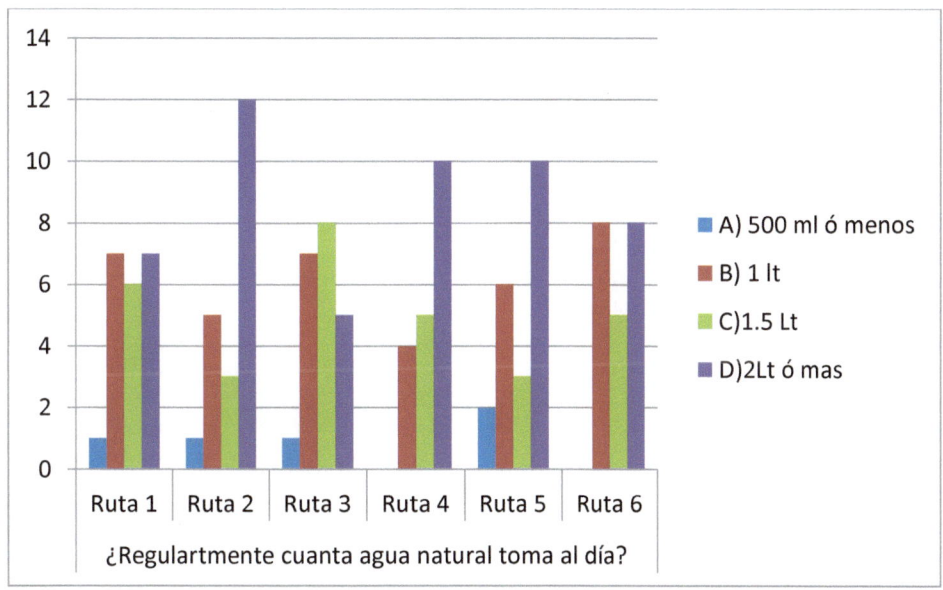

Figura 3.9 Gráfica del Análisis de la encuesta

Se observa en la gráfica que la mayor parte de las personas encuestadas en las diferentes rutas de la purificadora de agua La Gota Reyna toman más de 2 litros de agua natural al día, con muy pocas respuestas en las diferentes rutas pocas personas toman menos de 500 mililitros de agua natural al día, demostrando que el agua sigue siendo de vital importancia para los seres humanos

3.- ¿aproximadamente cuál es el consumo semanal de agua en garrafones en su casa?

a) 1 garrafón   b) 2 a 4   c) 5 a 7   d) más de 8

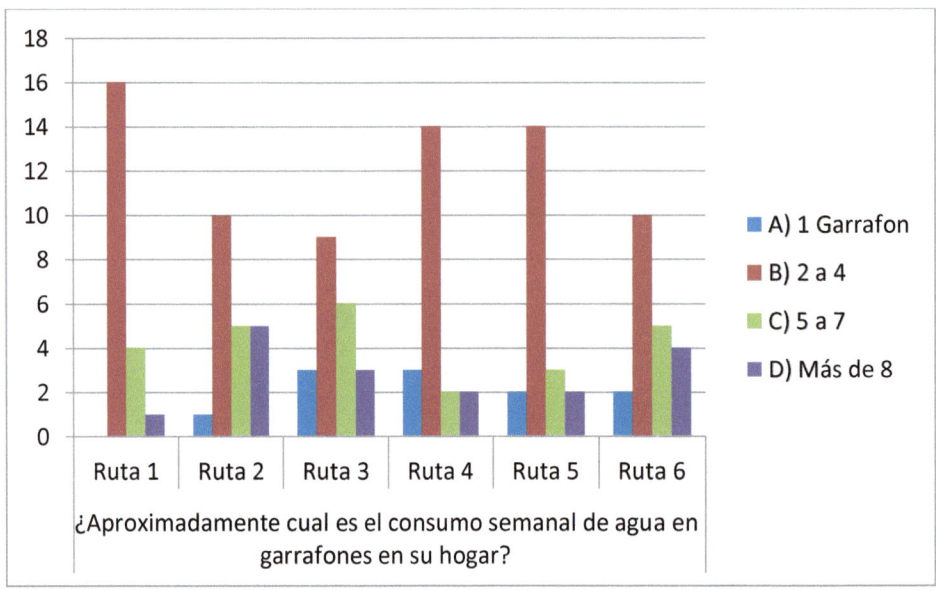

Figura 3.10 Gráfica del Análisis de la encuesta

En esta gráfica se observa que de los diferentes hogares encuestados en las rutas de la purificadora de agua La Gota Reyna, en la mayoría se consume entre dos y cuatro garrafones por semana, seguido de los hogares en donde se consume de cinco a siete garrafones, siendo muy pocos los hogares en los que se consumen más de ocho garrafones de agua.

4.- ¿Qué días de la semana le gustaría que le brindaran el servicio? (2 días máximo)

    a) Lunes   b) Martes   c) Miércoles   d) Jueves   e) Viernes   f) Sábado

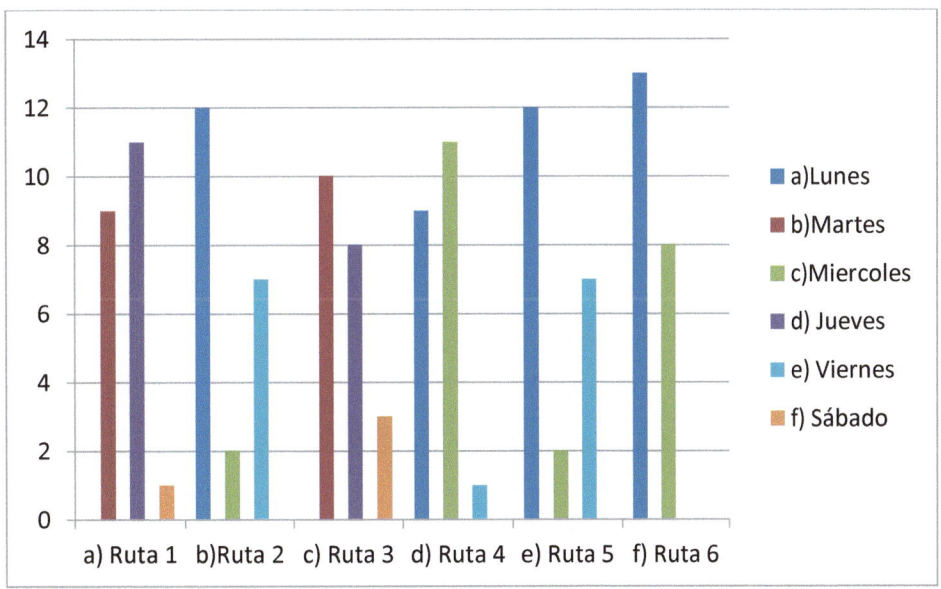

Figura 3.11 Grafica del Análisis de la encuesta

Observamos en la gráfica las diferentes rutas y los días en que se recorren para la venta de garrafones, por medio de esta podemos tomar una decisión para realizar el ruteo en los diferentes días de la semana, la ruta 1 es conveniente visitarla los días martes y jueves, la ruta 2 lunes y viernes, ruta 3 martes y jueves, ruta 4 lunes y miércoles, ruta 5 lunes y viernes, por último la ruta 6 es conveniente los días lunes y miércoles, según la grafica, habrá que analizar los horarios y distancias para obtener las tutas más eficientes de distribución. Cabe mencionar que muchos de los clientes protestaron con el programa de reparto que maneja la empresa, ya que solo es de dos días, es por ello que la mayoría de las personas por ruta decidieron añadir un día más a la ruta de reparto, ya que en ocasiones se encuentran sin poder adquirir este producto y se ven en la necesidad de comprar agua de la competencia y no es de su agrado, ya que ellos prefieren el agua de la purificadora la Gota Reyna, por la calidad del producto.

5.- ¿En qué horario se le hace más conveniente recibir el agua en su hogar?

a) Mañana   b) Medio día   c) Tarde

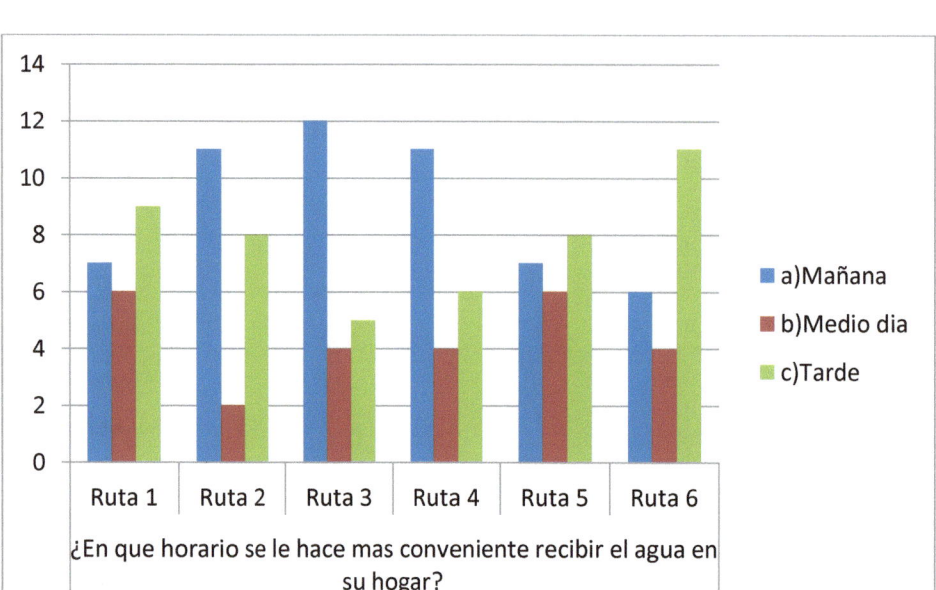

Figura 3.12 Grafica del Análisis de la encuesta

En la siguiente grafica se puede observar que en la ruta 3 los clientes prefieren que el reparto de agua sea en la mañana y en el mismo nivel de preferencia en la ruta 2 y la "ruta 4 , mientras que en un porcentaje más bajo prefieren que el reparto se haga a medio día y en la tarde las rutas 1 y 5 se observa demanda para este horario ya que para algunos clientes es más conveniente recibir el producto en ese horario.

6.- En su opinión, ¿Cuál es la principal razón para consumir el agua de garrafón?

a) Por su sabor   b) Por el precio   c) Por su presentación   d) Por la calidad

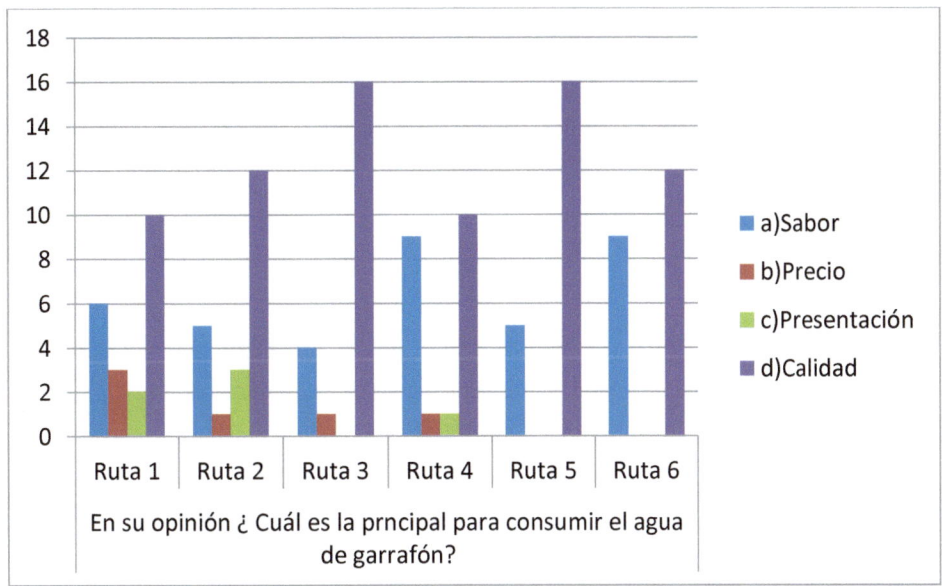

Figura 3.13 Gráfica del Análisis de la encuesta

En la gráfica de la pregunta número 6 se puede observar que la respuesta fue propicia para la empresa ya que los clientes potenciales opinan que prefieren el agua que ofrece la empresa por la calidad del producto, dándole el segundo lugar al sabor del agua y en menor proporción pero no dejando de ser importante el precio y la presentación del producto.

Se analiza que el agua está a la preferencia de los consumidores potenciales ya que fue favorable, comprobándolo a través de este análisis.

7.- El precio que determino la empresa "La Gota Reyna" para cada garrafón de agua ¿le parece conveniente?

a) Si   b) No

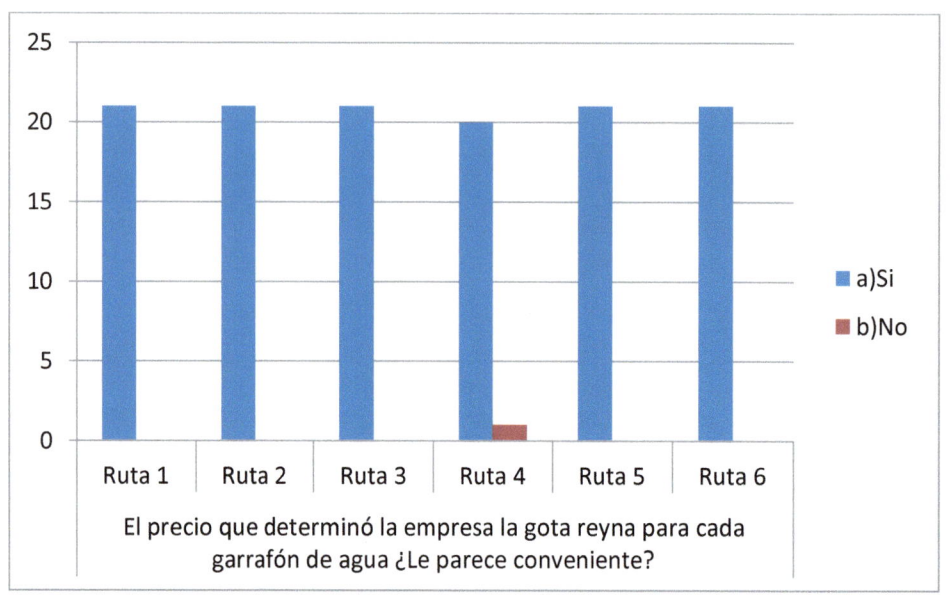

Figura 3.14 Gráfica del Análisis de la encuesta

En la gráfica de la pregunta 7 se concluye que el 99% de los clientes están satisfechos con el precio que ha determinado la "Gota Reyna" para cada garrafón de agua de 19 litros. Sin embargo se encontró que una persona consume el agua por su calidad pero le no le parece el precio ya que compra más de 4 garrafones en una solo exhibición y para ese cliente sería más factible que le vendieran a mayoreo, es un caso que requiere especial atención por parte del administrador del agua.

8.- El trato que recibe por parte del vendedor, ¿Cómo lo califica?

a) Pésimo   b) Regular   c) Bueno   d) Excelente

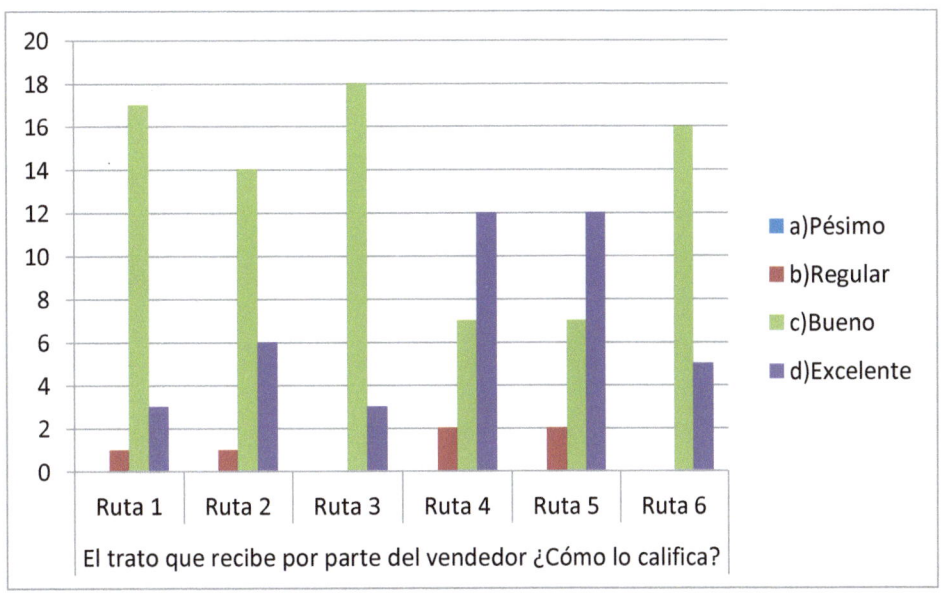

Figura 3.15 Gráfica del Análisis de la encuesta

En la gráfica se puede observar que la gente opina que el servicio en primer lugar es bueno, en segundo que es excelente y en tercer lugar que es regular y en el cuarto que se refiere a un pésimo servicio no se encontró a ningún cliente que se quejara de ello. Sin embargo se debe poner especial atención en este punto ya que el servicio al cliente es la estrategia que toda empresa maneja para mantener el gusto y la preferencia de los consumidores sobre sus productos.

9.- ¿Cómo califica en porcentaje la llegada del producto a su hogar, en cuestión de tiempo? (día, y hora)

    b) 20-40%   b)40-60%   c)60-80%   d)80-100%

a) Si usted considera que la llegada del producto no es la mejor, y que se encuentra en un pésimo lugar con respecto a la calificación que usted le pueda asignar.
b) Si usted considera que el producto llega a su domicilio de manera regular y no tiene problema con el tiempo de entrega del producto., marque este.
c) Si usted considera que la llegada del producto es bueno y que no existe problema, y le agrada
d) Si usted considera que la llegada del producto es excelente, en cuanto al tiempo de entrega marque aquí.

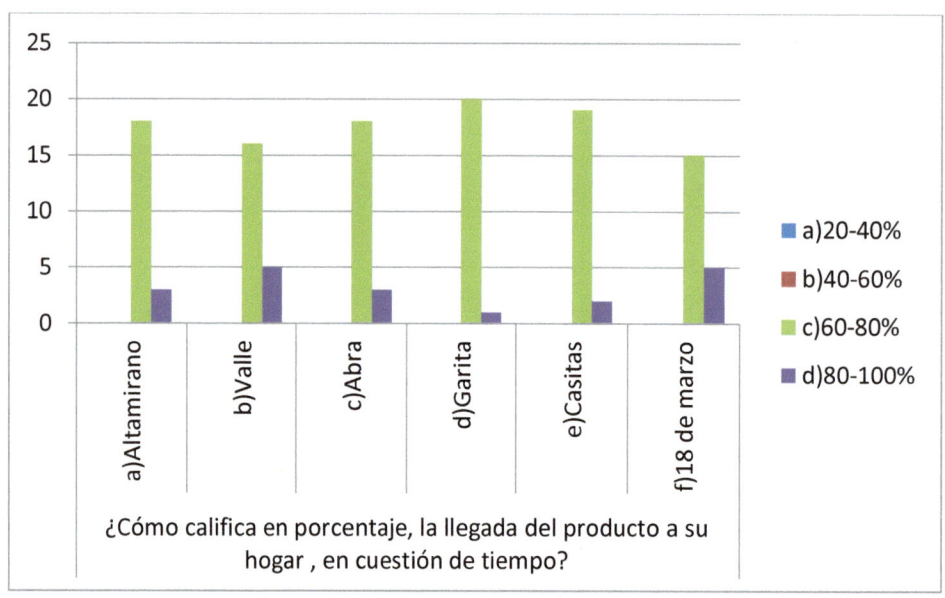

Figura 3.16 Grafica del análisis de la encuesta

En la figura 3.13 se puede observar que gran mayoría de los encuestados califican la entrega del producto en una escala de 60-80% de conformidad, mientras que muy pocos clientes expresaron que les parecía excelente por lo menos un 15% de la población se muestra conforme, y un 85% lo califica como bueno, es una actividad a la que se le debe de dar especial atención, ya que el producto tiene que llegar, donde y cuando el cliente lo necesite. Se deben adoptar estrategias para realizar acciones correctivas, por ejemplo, en base a la pregunta 5 se puede considerar el horario en que se puede visitar cada ruta. Y también analizar el tiempo que demora en el proceso macro de la cadena.

3.14 SERVICIO AL CLIENTE

El servicio al cliente es indispensable para que todas las empresas mantengan la preferencia de sus clientes sobre su producto, en la encuesta realizada el 2% de los clientes muestran inconformidad por el servicio que prestan los vendedores, es por ello que se tomaron medidas a fin de tomar acciones correctivas para mejorar el servicio.

La actividad que se desarrolló por parte de los integrantes que realizan el proyecto consistió en realizar una plática motivacional a los empleados de la purificadora La Gota

Reyna con la finalidad de proporcionar las herramientas necesarias para tener una mejor atención hacia todos los clientes impulsando su productividad en el trabajo.

La actividad se inicio mostrándoles un video motivacional del conferencista y presidente de la empresa Yakult, Carlos Kasuga Osaka, al término de este video se les aplico una actividad a los trabajadores la cual consistió en una práctica en donde ellos demostraran sus actitudes como vendedores hacia los clientes.

El resultado fue que los empleados quedaron motivados y satisfechos con la actividad y con el conocimiento necesario para una buena atención a los clientes de la purificadora La Gota Reyna.

Figura 3.17 Presentación del video motivacional   Figura 3.18 Capacitación al personal

En las figuras 3.17 y 3.18 se muestra evidencia de la actividad realizada con los trabajadores de la purificadora La Gota Reyna

3.15 PROCESOS DE EMPUJE/TIRÓN

Todos los procesos de empuje en la cadena se realizan con anticipación a la demanda del cliente, mientras que todos los procesos de Tirón se realizan en respuesta a la demanda del cliente. Para los procesos de empuje, el gerente debe planear el nivel de actividad, ya sea en la producción, el transporte o en cualquier otra actividad planeada. Para los procesos de Tirón, el gerente debe planear el nivel de capacidad disponible y el inventario, pero no la cantidad real que será ejecutada.

Tabla 3.12 Procesos de empuje y tirón

PROCESOS DE EMPUJE	PROCESOS DE TIRON
• Se ofrecen los garrafones por medio de publicidad • Se lleva hasta el hogar los garrafones • Se manejan precios accesibles para mayoristas	• El cliente se comunica a la empresa para hacer el pedido, esto nos lleva a una mayor fluidez del producto • Por la cercanía de algunos clientes es más fácil su venta y corta la vida del producto en almacén

3.16 ESTRATEGIAS DE CADENA DE SUMINISTRO

3.16.1 Estrategia General

- La purificadora la gota Reyna ofrece al mercado productos de excelente calidad, tanto en la presentación del envase como en el contenido (el agua).
- El establecimiento esta a vista de los consumidores para que puedan observar y visitar sus instalaciones.

3.16.2 Estrategia de Servicio

- Se capacita al personal a través de pláticas de motivación y superación personal para impulsar su productividad y brinde un servicio de calidad a los clientes.
- Existen medios de comunicación (teléfono) para que el cliente este en contacto con la empresa cuando necesite de producto.

3.16.3 Estrategia de Manufactura

- La empresa maneja el proceso purificación a través de osmosis inversa que permite que el agua tenga mayor eliminación de sus impurezas y tenga mayor calidad a comparación de otras empresas del mismo ramo.
- El proceso macro de la cadena de suministro es el lavado y llenado, mismos que se realizan de la manera correcta con altos índices de seguridad en su limpieza.

3.16.4 Estrategia de Red Logística

- A través de la investigación se analizaron las rutas más efectivas en cuanto a la venta de garrafones de agua, tiempo, kilometraje, proporcionando al dueño una nueva propuesta que disminuiría sus gastos al menos en un porcentaje bajo pero significativo.

3.17 PLANEACIÓN DE LA CADENA DE SUMINISTRO

3.17.1 Planeación de la Demanda

- Una vez que se han analizado las ventas del año 2012 y los meses de Enero, Febrero, Marzo del 2013 se conoce el pronóstico de la venta estimada para los próximos meses y se planea la demanda del material para satisfacerla, véase en la tabla 3.8

3.17.2 Planeación de Suministros

- Conociendo el pronóstico mensual y el inventario correspondiente, se puede planear con mayor exactitud cuánto se debe suministrar y abastecer al almacén tabla 3.1, teniendo así un mayor control en su inventario.

3.17.3 Planeación de Producción

- Conociendo la demanda del producto tabla 3.8 se planea la producción en garrafones de agua para la semana siguiente.

3.17.4 Planeación de Inventarios

- La empresa mantiene sus inventarios con relación a las ventas semanales y mensuales.

3.17.5 Planeación de la Distribución

- Se analizaron las diferentes rutas de reparto, los niveles de compra para cada una, obteniendo así las más efectivas para su venta, y la propuesta de una nueva distribución de acuerdo a los puntos analizados, tiempo, distancia y dinero.

3.18 OPERACIÓN DE LA CADENA DE SUMINISTRO

3.18.1 Operación de Compras
- Se realizan las compras de productos y materiales al mejor precio, con la mejor calidad y oportunamente para el buen funcionamiento de la empresa

3.18.2 Manejo de Almacén
- El manejo de almacén es el medio para suministrar los materiales y mantenerlos en existencia cuando sea necesario tabla 3.1. En la purificadora se mantiene un nivel confiable de inventario mismo que se mantiene en almacén logrando suministrar la materia prima en el momento que se requiera.

3.18.3 Administración de Inventarios
- Se crearon registros para tener el control del material que se tenga en existencia y también el tiempo considerado por mes para su uso.

3.18.4 Gestión de Pedidos/ Servicio al Cliente
- La gestión de pedidos se realiza conforme a la demanda estimada por ruta, es decir, se encuentra pronosticada para cada una de las rutas de reparto, la gestión de pedidos no esperados, lo realizan los clientes a través de los medios de comunicación.

3.18.5 Administración del Transporte
- De acuerdo al análisis realizado con las rutas se hará una propuesta para los dos vehículos propiedad de la empresa, para que en menos tiempo y en horarios similares se abastezcan dos rutas, la carga para una de las camionetas deberá considerarse así como el costo de la gasolina por kilometro.

3.18.6 Gestión de Logística Inversa
- La purificadora vende un producto que es susceptible a ser dañado porque es un material blando y siendo el uso frecuente tendrá por lo menos un año y medio de

vida útil, pero a lo largo de este tiempo, existe la posibilidad de ser golpeados o maltratados por el cliente, lo que genera una pérdida para la empresa y genera desperdicios, mismos que son utilizados para darles otra función, por ejemplo, los garrafones que terminan en scrap (desperdicio) y la función que se les da después es la de maceteros, exponiéndolos al público en general y vendiéndoles a un precio considerable por pieza.

CAPITULO IV.- DISTRIBUCIÓN DEL PRODUCTO TERMINADO

4.1 ANÁLISIS DE LAS RUTAS DE DISTRIBUCIÓN

Para analizar la efectividad de cada ruta de venta es necesario conocer la venta de agua embotellada en cada una de ella, el tiempo invierto en el reparto y la distancia recorrida en kilómetros, para saber el costo de gasolina en cada una de ellas, conociendo estos datos será más confiable tomar decisiones sobre los días que deben ser visitadas las rutas y con qué vehículo sería mejor, ya que la empresa cuenta con dos transportes con diferente rendimiento.

Tabla 4.1 Distancia recorrida por ruta (km)

Ruta	Km
1	6.99
2	8.18
3	10.27
4	10.34
5	8.16
6	6.24

En la tabla 4.1 se puede analizar que la ruta con mas distancia, pertenece a la ruta 3 y 4, mismas que corresponden a la ruta abra y garita, son los lugares más distanciados a la planta, pero esto no significa que sean las rutas con mas ventas, analicemos la siguiente tabla 4.2.

Tabla 4.2 Venta de agua por ruta

Ruta	Venta de agua por día/ruta	Venta de agua por mes/ruta
1	32	365
2	56	402
3	45	191
4	30	205
5	62	291
6	30	165

Se observa que en la ruta 3 y 4, como se mencionaba anteriormente, no corresponde a la ruta con más venta del producto, sin embargo debe analizarse para el nuevo plan de distribución propuesto.

Las rutas con más ventas por día, fueron la ruta 2 y 5, que corresponden a una distancia de (8.18 km) y (8.16 km), existiendo poca diferencia. Y con más ventas durante 1 mes fue la ruta 1 y 2 con una distancia de (6.99 km) y (8.18 km). La empresa cuenta con dos vehículos con diferente capacidad de carga cada uno véase en la tabla 4.3.

Tabla 4.3 clasificación de vehículos

Camioneta	Rendimiento kh/l	Capacidad de carga
Ranger Modelo 1989 4 cilindros	8.5 km/ 1 litro de gasolina	32 Garrafones
Ford Lariat Modelo 1992 6 cilindros	6 km/1 litro de gasolina	52 Garrafones

Sin embargo la empresa no tiene un itinerario establecido para cada uno de los vehículos, es decir, no se conoce con que vehículo seria más viable visitar las rutas con respecto a lo vendido en cada una de ellas, esto ocurre porque no han realizado un análisis sobre el consumo de gasolina (km/l) y solo actúan empíricamente conforme a los pedidos que se presentan, a continuación se realiza un estudio con respecto al costo de la gasolina y rendimiento de los vehículos. Considerando que la gasolina Magna al día de hoy 11 de junio del 2013 se mantiene en un costo de $11.36.00.

Tabla 4.4 Costos de gasolina para cada vehículo

Ruta	$ de gasolina en Ford Ranger	Ruta	$ de gasolina en Ford Lariat
1	$9.566	1	$13.27
2	$11.19	2	$15.487
3	$14.055	3	$19.444
4	$14.151	4	$19.576
5	$11.167	5	$15.449
6	$8.54	6	$11.814

En la tabla 4.4 se puede observar la diferencia en costo de gasolina por la distancia recorrida en cada uno de los vehículos, conociendo que la Ford ranger tiene una capacidad de carga de 32 garrafones de agua mientras que la Ford lariat es de 52 garrafones de agua. Anteriormente la empresa trabajaba con esta distribución.

Tabla 4.5 Recorrido de reparto anterior

Rutas	Días de venta
1	Lunes/miércoles
2	Lunes/miércoles
3	Martes/sábado
4	Jueves/sábado
5	Miércoles/viernes
6	Martes/viernes

Y el tiempo de reparto del agua purificada por cada ruta oscila entre 2:30 hrs. y 3:30 hrs. Y queda expresado en la siguiente tabla 4.6.

Tabla 4.6 Tiempo de reparto de agua por ruta

Rutas	Tiempo de venta por ruta
1	3:10:00 hr.
2	3:00:00 hr.
3	3:30:00 hr.
4	2:55:00 hr.
5	3:00:00 hr.
6	2:30:00 hr.

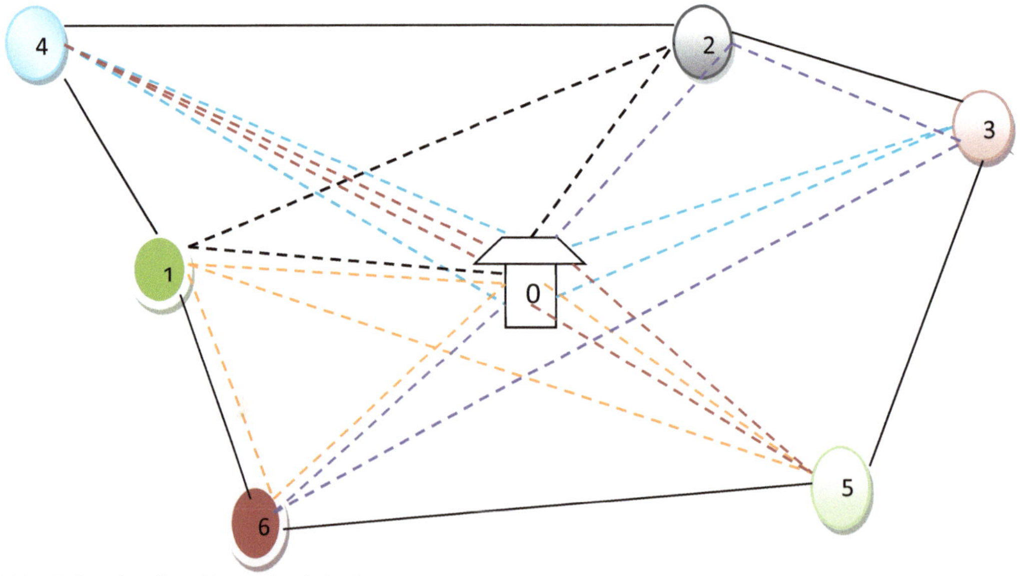

Figura 4.1 Red de distribución actual de la empresa

Como se observa la siguiente red corresponde a las dos veces por semana que son visitados nuestros clientes, con esta red la empresa tiene elevados costos de transporte de $1000 pesos a la semana con un venta de 450 garrafones de manera ambulante, a continuación se presenta la nueva propuesta de distribución y el aumento en ventas con una disminución en costos.

Tabla 4.7 Relación costo beneficio Vehículo Ford Ranger

Rutas	Días			Venta por ruta	Venta de agua a la semana por ruta	Costo del combustible por semana	
1	Martes	Jueves	Sábado	32	96	$	28.68
4	Lunes	Miércoles	Viernes	30	90	$	42.62
6	Lunes	Miércoles	Sábado	30	90	$	25.62
						$	96.75
					Imprevistos	$ +	100.00
					Costo total	$	196.75
						17.31 Litros de combustible	

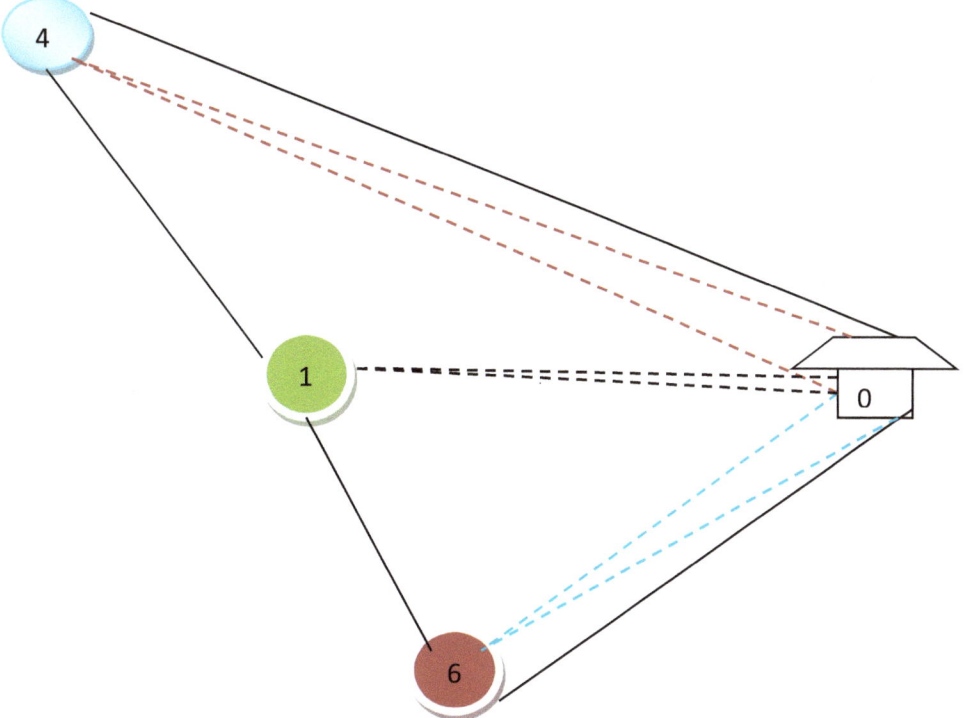

Figura 4.2 Red para vehículo Ford Ranger

Como se puede observar en la tabla 4.7 se analizo los costos generados por el vehículo Ford Ranger, anteriormente la empresa, no contaba con un itinerario estructurado que demostrara un control sobre las rutas de reparto, al realizar el análisis de todos los factores influyentes tales como; venta de garrafones por ruta, gastos generados por gasolina con respecto a la distancia (km), tiempo de reparto por ruta. Considerando todos estos factores se concluye con lo que se demuestra en la tabla 4.7 para el vehículo Ford ranger teniendo un ahorro significativo, ya que anteriormente la empresa gastaba en gasolina $500 correspondientes a 44 litros de gasolina, con el programa propuesto se estima que el consumo de gasolina por semana será de 17.31 litros de gasolina por semana, esto quiere decir, que la empresa ahorraría 26.69 litros de gasolina, correspondientes a $303.19 disminuyendo un 39.32% del 100% con el itinerario propuesto. Véase la figura 3.17 misma visita que se realiza tres veces a la semana como se presenta en la tabla 4.7.

En la tabla se observa la cantidad de $100 pesos, esta cantidad se justifica de la siguiente manera, Tantoyuca es un lugar accidentado por lo cual se requiere al menos de 8.5 litros de combustible a la semana, independientemente del gasto normal, ya que tiene que acelerar en subidas y cuenta con un tanque de 4 cilindros y 4.2 de caballos de fuerza. Y genera un costo que tiene que ser cubierto.

Tabla 4.8 Vehículo Ford Lariat

Rutas	Días			Venta por ruta	Venta de agua a la semana por ruta	Costo del combustible por semana	
2	Lunes	Miércoles	Viernes	56	168	$	92.92
3	Martes	Jueves	Sábado	45	135	$	116.66
5	Lunes	Miércoles	Viernes	62	186	$	92.69
						$	302.04
					Imprevistos	$ +	100.00
					Costo total	$	402.04
						35.39 litros de combustible	

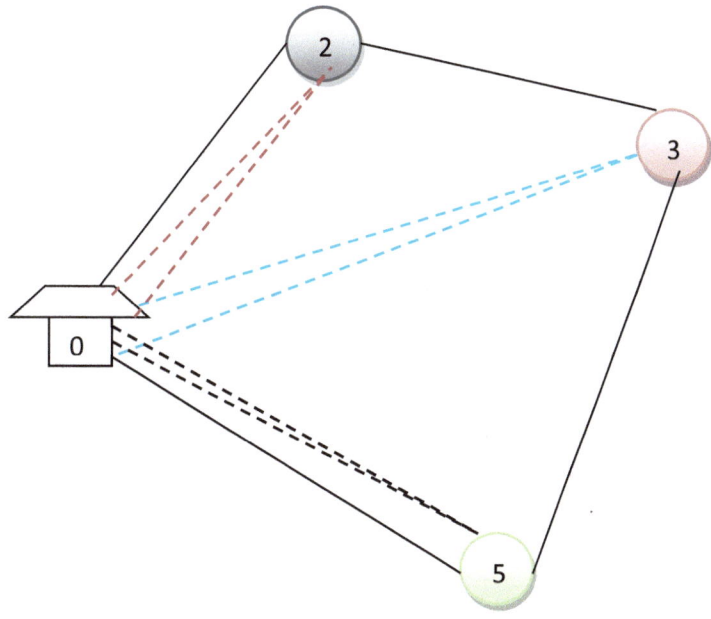

Figura 4.3 Red para vehículo Ford Lariat

Como se puede observar en la tabla 4.8 se analizo los costos generados por el vehículo Ford Ranger, anteriormente la empresa, no contaba con un itinerario estructurado que demostrara un control sobre las rutas de reparto, al realizar el análisis de todos los factores influyentes tales como; venta de garrafones por ruta, gastos generados por gasolina con respecto a la distancia (km), tiempo de reparto por ruta. Considerando todos estos factores se concluye con lo que se demuestra en la tabla 4.8 para el vehículo Ford Lariat teniendo un ahorro significativo, ya que anteriormente la empresa gastaba en gasolina $500 correspondientes a 44 litros de gasolina, con el programa propuesto se estima que el consumo de gasolina por semana será de 35.39 litros de gasolina por semana, esto quiere decir, que la empresa ahorraría 8.61 litros de gasolina, correspondientes a $97.96 disminuyendo un 19.59% del 100% con el itinerario propuesto. Véase la figura 3.18, es la red de visita al cliente al menos por tres veces a la semana, con sus respectivas rutas.

En la tabla se observa la cantidad de $100 pesos, esta cantidad se justifica de la siguiente manera, Tantoyuca es un lugar accidentado por lo cual se requiere al menos de 8.5 litros de combustible a la semana, independientemente del gasto normal, ya que tiene que acelerar en subidas y cuenta con un tanque de 6 cilindros y 4.5 de caballos de fuerza. Y genera un costo que tiene que ser cubierto.

En conclusión se puede decir que en los meses anteriores Enero 2013- Abril 2013 la venta promedio de agua es de 1,507 garrafones de agua al mes, utilizando las dos camionetas sin ningún itinerario definido y distribuyendo 2 veces por semana, con el estudio analizado y el programa propuesto se espera que a corto plazo las ventas aumenten consideradamente a 3,060 garrafones de agua, es decir, aumentar un 49.24% considerando que las unidades vendidas estuvieran al 50 % del costo de $8 y de $12 la ganancia en dinero aumentaría considerablemente a $30,600 pesos. Como se observa la propuesta para las dos camionetas, se consideran 3 días, ya que realizando un análisis de las encuestas aplicadas a los clientes potenciales, muchos mostraron inconformidad y prefieren que la camioneta distribuidora de agua les venda por lo menos 3 veces a la semana, ya que en muchas ocasiones se quedan sin producto y se ven en la necesidad de comprar con la competencia siendo un producto que no es de su agrado ni preferencia. Es importante mencionar que para que la empresa pueda cumplir con la propuesta debe aumentar el número de garrafones para cada transporte y tenerlos en inventario para su uso.

4.2 MEDICIÓN DE INDICADORES DE GESTIÓN LOGISTICA (KPI)

Los indicadores logísticos buscan evaluar la eficiencia y eficacia de la gestión logística de la organización, así como la utilización de la tecnología y el manejo de la información, con el ánimo de lograr un control permanente sobre las operaciones, tener un seguimiento al cumplimiento de metas y objetivos, contar con retroalimentación que facilite el mejoramiento general de la cadena de abastecimiento.

Los indicadores deben ser cuantitativos para poder evaluar y medir el desempeño, en la purificadora se tomaron en cuenta los siguientes indicadores como parte clave.

4.2.1 Indicadores de servicio

- Nivel de satisfacción del cliente con respecto a la entrega a tiempo:

En este punto se analiza que nivel de satisfacción tiene el cliente con respecto a nuestro producto, si la entrega está siendo a tiempo y si se cumple con la demanda que ellos requieren, en la figura 3.13 se observa que el 15% de la muestra de la población califica como excelente la entrega del pedido, mientras que un 85% lo califica como bueno, con la nueva propuesta de distribución se espera alcanzar la meta y lograr a corto plazo un aumento considerable.

- Servicio de atención al cliente:

    En el análisis de la encuesta realizada se demostró que gran parte de los clientes califica este servicio como bueno al 62%, excelente al 32.5%, pero es representativo el 4.7% y corresponde a un servicio regular, por lo que se debe poner especial atención y planear programas de capacitación de personal, con el objetivo de impartirles platicas sobre la importancia que tiene el cliente para la empresa, véase en la figura 3.15, con esta estrategia se espera obtener resultados a corto plazo que generen gran impacto en el consumidor.

4.2.2 Indicadores de la Calidad del producto

- Este punto involucra la calidad del producto con respecto a la perspectiva de nuestros clientes, en la encuesta aplicada para conocer la satisfacción del cliente encontramos que la mayor parte de las personas, califica al producto como buena calidad en un 90.47%, dándole el resto del porcentaje a los elementos que forman parte del marketing, tales como, presentación y precio 9.52%.

4.2.3 Indicadores de satisfacción de la demanda

- En la encuesta de satisfacción al cliente se realizo una pregunta donde se desea conocer cuánto es el consumo semanal de garrafones de agua en el hogar y que días son los que les gustaría que le brindaran el servicio, la mayor parte de las personas encuestadas mostro inquietud en este punto, ya que el transporte de reparto los visita 2 veces a la semana, por lo que en ocasiones no pueden adquirir a mas de 2-4 garrafones de agua, ya sea por no contar con suficientes garrafones ó por no contar con lo suficiente económico en el momento requerido, los clientes manifestaron que ellos estarían satisfechos si el transporte de reparto de agua pasara por lo menos 3 veces a la semana, actualmente la empresa se encuentra de la siguiente manera;

Satisface 450 garrafones de agua a la semana correspondiente al 58.82%, con la nueva propuesta se pretende aumentar a 315 ó 41.17% garrafones de agua vendidos.

450*100/765= 58.82%

315*100/765=41.17%

La demanda actual se clasifica como Satisfecha no saturada: es la que se encuentra aparentemente satisfecha pero que se puede hacer crecer mediante el uso adecuado de los recursos. Aplicando la propuesta se obtendría una demanda satisfecha, ya que se estará cumpliendo con lo que el cliente necesita sin exceder a la maquinaria en el proceso macro, ya que la capacidad instalada por día es de 800 garrafones de agua, es decir, del 100% de su productividad solo se utilizaría el 95.62%.

4.2.4 Indicador de gestión de inventario

- Días de inventario:

Este indicador determina para qué periodo de tiempo en promedio la empresa mantiene inventarios.

Costo promedio del inventario/ costo neto de la mercancía vendida en el periodo* días del periodo.

Para conocer los días de inventario de la purificadora con respecto al inventario que maneja, fue de la siguiente forma, considerando 1 mes de venta al igual que su inventario.

Días de inventario= 19,369.50/ 28,444.29 * 30= 20.4 días.

El resultado del indicador se apega a la realidad, ya que en inventario se tienen almacenados pocos materiales involucrados en el proceso de disolución, pero existen otros, tales como, las tapas, sellos, material de seguridad e higiene que se surten cada 20 días.

Al ejecutarse la propuesta requerirá de un inventario más grande, correspondiente al 41.17% en dinero $11,710.51 de los materiales utilizados al mes para poder satisfacer la demanda.

Figura 4.4 Pirámide de los elementos que intervienen en la satisfacción al cliente.

4.3 CONTROL DE DOCUMENTOS

La purificadora no cuenta con documentos que permita llevar el control de sus productos terminados, en el Sistema de Gestión de la Calidad ISO 9001; 2008 en el apartado 4.2.3 menciona: los registros son un tipo especial de documento y deben controlarse de acuerdo a los requisitos citados en el 4.2.4; los registros establecidos para proporcionar evidencia de la conformidad con los requisitos así como la operación eficaz del SGC deben controlarse. (IMNC, 2008)

La organización debe establecer un procedimiento documentado para definir controles necesarios para la identificación, el almacenamiento y la retención de algunos registros. Estos registros deben permanecer legibles, fácilmente identificables y recuperables.

Cabe mencionar que la empresa no cuenta con ningún tipo de certificación, pero es importante tener un control en este proceso para obtener medidas de calidad. Con la finalidad de cumplir con lo antes mencionado, se realizo un procedimiento de venta, que consiste en la explicación, a través de un diagrama de flujo, donde demuestra el proceso a seguir para conocer si la venta se hará en el negocio, ambulante a hogares o ambulante a establecimiento en el caso de que sea en este último se respalda por la firma del cliente mayorista para su comprobación.

Al procedimiento de ventas se le asigna un código P-CV-01 para su registro, el procedimiento utiliza cuatro formatos diferentes, los cuales se describen a continuación.

PURIFICADORA DE AGUA LA GOTA REYNA

PROCEDIMIENTO DE CONTROL DE VENTA

Responsable:
Dpto. Administrativo
Código: P-CV-01

Fecha de efectividad:
30 de Mayo del 2013
Revisión: 00

Objetivo:
Conocer el proceso de venta, del producto y darle un seguimiento para obtener mejores resultados que nos lleve a medidas más exactas sobre las unidades vendidas y poderlas controlar.

Alcance:
Este procedimiento tiene como alcance el proceso de salida del producto (venta) de la purificadora La Gota Reyna.

Diagrama de flujo

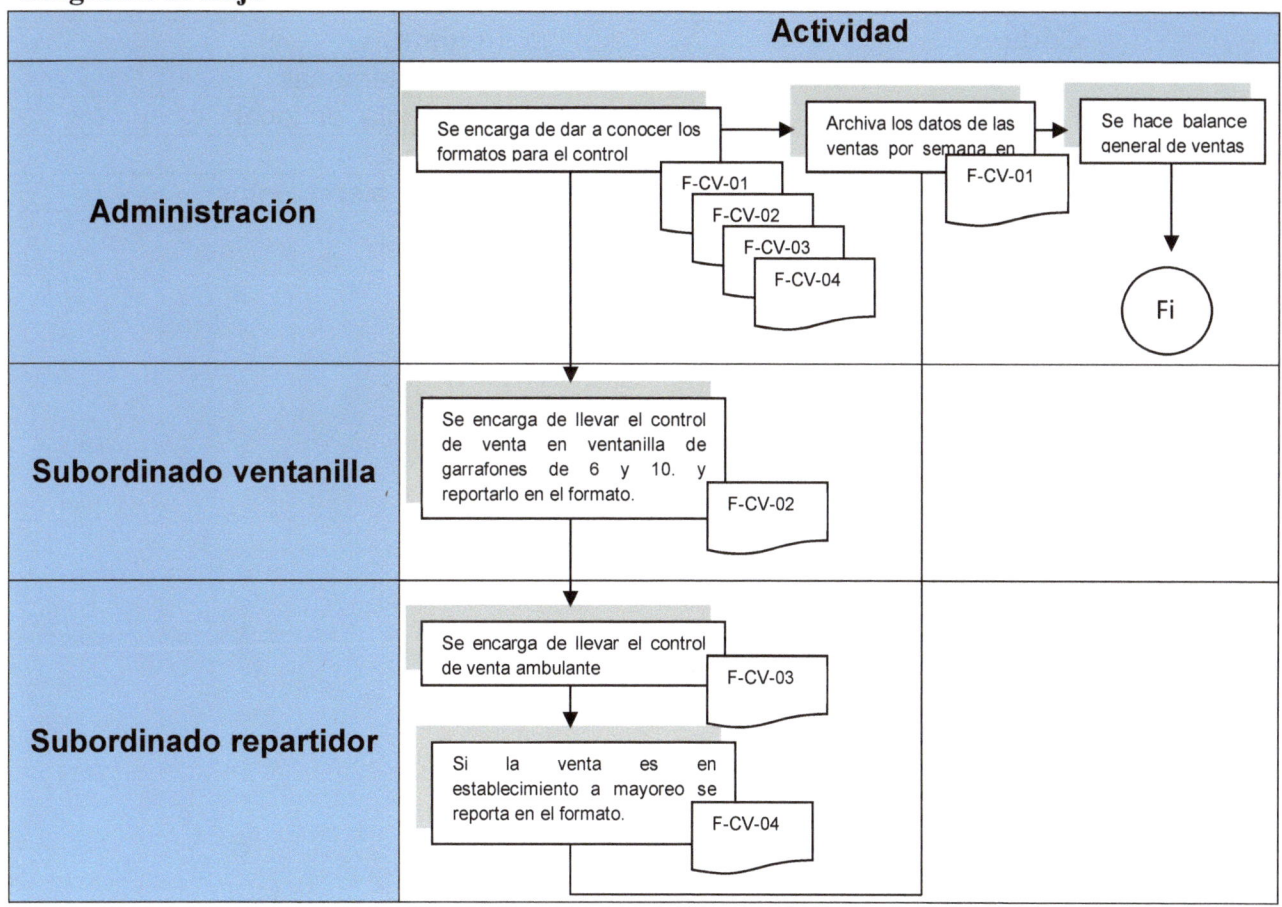

Elaboro

Ing. Ely Monserrath Pérez Garcia
Ing. Julio Cesar Blanco del Ángel

Reviso y autorizó

Ing. Erick Hernández Vargas

PURIFICADORA DE AGUA LA GOTA REYNA

PROCEDIMIENTO DE CONTROL DE VENTA

Responsable: Dpto. Administrativo
Código: P-CV-01
Fecha de efectividad: 30 de Mayo del 2013
Revisión: 00

Políticas:

- Se debe cumplir con el orden que se ha estipulado en el procedimiento.
- El vendedor(es) ambulante(es) de la purificadora deberán reportar las ventas a través del procedimiento establecido.
- Los formatos deberán ser entregados al administrador para su control.

Registros

Código	Registro
F-CV-01	Formato de control de ventas por semanas
F-CV-02	Formato de control de ventas por día, en local
F-CV-03	Formato de control de venta, ambulante
F-CV-04	Formato de control de venta a establecimientos

4.4 FORMATOS DE CONTROL DE VENTAS

Existen 4 formatos diferentes para el control de las ventas, se le asigno una clave diferente a cada documento para su registro, estos formatos se detallan a continuación.

F-CV-01 Este formato tiene la función de registrar las ventas por semana, es decir, los garrafones de agua que se vendan a la semana. Esto con la finalidad de llevar un control de las semanas para poder reportarlas en un balance al finalizar el mes.

F-CV-02 Este formato tiene la función de ser utilizado en la purificadora, ya que se vende agua de manera directa al consumidor con un valor de $10.00, pero cabe mencionar que también tiene clientes intermediarios y se les vende el producto en un costo de $6.00 comprando a mayoreo. En este formato se registraran las ventas por día y la cantidad de producto vendido.

F-CV-03 En este formato se registraran las ventas por día, en las ventas ambulantes, es uso exclusivo del conductor quien se encargara de anotar cada producto vendido.

F-CV-04 Este formato se utiliza en las ventas ambulantes, pero especialmente para anotar las ventas que se les hacen a los consumidores mayoristas, al haber entregado todo el producto, el conductor le pide al cliente firmar como entregado la cantidad que se vendió.

A continuación se muestran los formatos que se describieron anteriormente.

Purificadora de agua la gota Reyna

Control de venta por semanas
Formato de control de ventas 01
Fecha de efectividad : 30/05/2013

___/___/ 2013	garrafones de $6	garrafones de $8	garrafones de $10	garrafones de $12	Ganancia Por semana
N° de Garrafones de agua vendidos					
Costo total					$

___/___/ 2013	garrafones de $6	garrafones de $8	garrafones de $10	garrafones de $12	Ganancia por Semana
N° de Garrafones de agua vendidos					
Costo total					$

___/___/ 2013	garrafones de $6	garrafones de $8	garrafones de $10	garrafones de $12	Ganancia por Semana
N° de Garrafones de agua vendidos					
Costo total					$

___/___/ 2013	garrafones de $6	garrafones de $8	garrafones de $10	garrafones de $12	Ganancia por Semana
N° de Garrafones de agua vendidos					
Costo total					$

R00/0513   F-CV-01

Control de venta por días en local
Formato de control de ventas 02
Fecha de efectividad : 30/05/2013

Semana ____

Fecha	Garrafones de $6.00	Total	Garrafones de $10.00	Total
___/___/2013	/ /			
___/___/2013				
___/___/2013				
___/___/2013				
___/___/2013				
___/___/2013				

Semana ____

Fecha	Garrafones de $6.00	Total	Garrafones de $10.00	Total
___/___/2013	/ /			
___/___/2013				
___/___/2013				
___/___/2013				
___/___/2013				
___/___/2013				

CAPITULO V.- ANÁLISIS FINANCIERO

PURIFICADORA "LA GOTA REYNA"
R.F.C. CUMA 601224 AIA
IGNACIO ZARAGOZA S/N., COL. 18 DE MARZO, TANTOYUCA, VER.
BALANCE GENERAL AL 31 DE DICIEMBRE DEL 2012.

Tabla 5.1 Balance general

ACTIVO CIRCULANTE		PASIVO CIRCULANTE	
CAJA	$ 18,549.00	PROVEEDORES	$ 20,000.00
BANCOS	**$ 5,000.00**	TOTAL PASIVO	$ 20,000.00
CLIENTES	$ 6,000.00		
INVENTARIOS	$ 19,369.00		
TOTAL DE ACTIVO C.	$ 48,918.00		
ACTIVO FIJO			
EQUIPO DE COMPUTO	**$ 15,000.00**	**CAPITAL CONTABLE**	
DEP. ACUMULADA	$ 9,000.00	CAPITAL	$ 58,103.48
	$ 6,000.00	UTILIDADES ACUMULADAS	$ 15,000.00
EQUIPO DE TRANSPORTE	$ 40,000.00	UTILIDAD DEL PERIODO	$ 69,648.52
DEP. ACUMULADA	$ 26,666.00		
	$ 13,334.00		
MAQUINARIA Y EQUIPO	$135,000.00		
DEP. ACUMULADA	$ 40,500.00		
	$ 94,500.00		
TOTAL ACTIVO FIJO	$113,834.00	**TOTAL CAPITAL CONTABLE**	$142,752.00
TOTAL ACTIVO	$162,752.00	**TOTAL PASIVO + CAPITAL C.**	$162,752.00

C.P. PEDRO MARTÍNEZ REYES
CED. PROF. 2732617
CONTADOR PÚBLICO

ELY MONSERRAT PÉREZ G.
R.F.C.CUMA601224 AIA
REPRESENTANTE LEGAL

PURIFICADORA "LA GOTA LA REYNA"
R.F.C. CUMA 601224 AIA
IGNACIO ZARAGOZA S/N., COL. 18 DE MARZO, TANTOYUCA, VER.

Tabla 5.2 Estado de pérdidas y ganancias

ESTADO DE RESULTADOS DEL 01 DE ENERO AL 31 DE DICIEMBRE DEL 2012.

INGRESOS:

INGRESOS POR VENTAS	$ 410,980.00
UTILIDAD BRUTA	**$ 410,980.00**

EGRESOS:

COSTO DE OPERACIÓN	$ 189,663.48
GASTOS DE OPERACIÓN.(GENERALES Y ADMON.)	$ 151,668.00
UTILIDAD NETA DEL PERIODO.	**$ 69,648.52**

C.P. PEDRO MARTÍNEZ REYES
CED. PROF. 2732617
CONTADOR PÚBLICO

ELY MONSERRAT PÉREZ G.
R.F.C.CUMA601224 AIA
REPRESENTANTE LEGAL

En la tabla 5.1 y 5.2 se observa el balance general y el estado de resultados del periodo Enero 2012- Diciembre 2012, anteriormente la empresa no contaba con ningún tipo de documento contable que demostrara el comportamiento de la empresa en el ramo financiero, con el apoyo de un contador y una servidora se realizo este balance obteniendo como resultado que el capital contable fue de $142,752.00 es decir que la empresa fue rentable durante ese periodo ya que el activo fue mayor a los gastos en pasivo.

Con la nueva propuesta de distribución se espera que en los meses de Julio 2013- Diciembre 2013 los ingresos por venta aumenten al menos un 48.66% al mes.

Si el dueño de la purificadora decidiera darse de alta ante SAT (Servicio de Administración Tributaria) Este 48.66 % podría elevarse, ya que la empresa optaría por tener estrategias de mercadotecnia para ganar clientes y poder expandirse en el mercado.

CONCLUSIONES

El objetivo que se planteo al principio del proyecto fue "Realizar un análisis logística de distribución de las rutas de reparto de agua, en la purificadora La Gota Reyna en el Municipio de Tantoyuca Ver." Con un análisis exhausto en este proceso de reparto se identifico cuales son las rutas con ventas más altas por semana y por mes, considerando el consumo de gasolina y tiempo invertido para el reparto por ruta, conociendo este análisis y tomando en cuenta que la empresa cuenta con dos vehículos de reparto se tomaron decisiones en la distribución de este producto asignando a cada vehículo un programa para satisfacer la demanda de los clientes, al menos por 3 días a la semana, los resultados obtenidos, fueron que si los vehículos siguen con el itinerario establecido obtendrán un aumento en las ventas del 48.66%. Siguiendo las mismas rutas y visitando los mismos clientes, si la empresa lograra darse de alta ante el SAT este aumento seria mucho mayor, ya que le permitiría expandirse en el mercado y entrar a los negocios, escuelas entre otros. Además podrá aplicar estrategias de mercadotecnia en su producto, publicidad, promoción, marca, lo que elevara la venta del producto generando ingresos para ello, es importante mencionar que si la empresa lograra cumplir este objetivo, tendría más egresos, pero considerando el balance general del periodo pasado, se observa que la empresa está siendo rentable, es decir obtendrá buenas entradas de dinero.

Con la finalidad de conocer el pronóstico que más se apega a la demanda anterior se analizaron 2 tipos de métodos de series de tiempo, donde el más ajustable fue el método de suavización exponencial con una demanda pronosticada de 3,194 garrafones de agua para el mes de Mayo 2013 y Junio 2013, absteciéndola con los insumos que se tienen en nivel de stock, considerando que la empresa mantiene continuamente la cantidad de material de la tabla 3.1.

Anteriormente las salidas del producto eran registradas en un formato mal estructurado que el dueño realizo empíricamente, para un mejor control de documentos se realizo un procedimiento P-CV-01 que muestra el proceso de registro que deberá tener la empresa, con la finalidad de controlar cada producto que egresa de la purificadora y el capital de ingreso a la purificadora, este procedimiento respalda 4 formatos, cada uno de ellos con diferente función pero dirigidas hacia el mismo objetivo.

La empresa no contaba con una identidad que respalde el trabajo realizado, ni al futuro al que se pretende llegar, se creó la misión visión, objetivos y políticas de la empresa, mismas que serán colocadas en un lugar visible para que los clientes puedan observar los beneficios que adquiere al comprar un producto de la purificadora La Gota Reyna, esta identidad respalda la calidad del producto, así como la calidad del servicio que brinda la empresa.

Es importante mencionar que se impartió capacitación al personal con el único objetivo de mejorar el servicio que se le da al consumidor, obteniendo buenos resultados en los trabajadores, tales como la productividad de su desempeño.

El objetivo que se busco al principio de este proyecto fue concluido con éxito, sin embargo, no todas las actividades fueron realizadas pero quedaron en propuestas, tales como la distribución de rutas y la ejecución del P-CV-01, es responsabilidad del dueño y el decidirá si procede con la implementación del mismo o continúa con el sistema actual de reparto.

RECOMENDACIONES

- Es recomendable que se ejecute el programa de reparto, para que se puedan observar los resultados, ya que será únicamente para el beneficio de la empresa.
- Al ejecutarse la propuesta el área de manufactura debe trabajar más rápidamente, se recomienda que se automatice un cepillo lava botellones, para hacer más rápido esta actividad, ahorrarse tiempo y evitar un severo cansancio en el operador.
- Es imprescindible que la empresa continuamente actualice los datos de los productos vendidos, en el pronóstico, para conocer el comportamiento de las ventas en un futuro, y mantener el inventario de insumos para su cumplimiento.
- Se recomienda que tanto el área de administración como los subordinados obedezcan el cumplimento del procedimiento para controlar y registrar los productos vendidos.
- Es importante y recomendable que tanto el dueño de la empresa, y los trabajadores conozcan el rumbo que quiere alcanzar la empresa, es necesario que la capacitación al personal se realice periódicamente con el fin de impulsar su productividad, pero también motivarlos a realizar lo mejor posible el trabajo que desempeñan.
- Es recomendable que el dueño de la empresa se registre ante SAT, para que el negocio pueda expandirse y conquiste a mas consumidores con estrategias de marketing para que conozcan el producto, tales como, encuestas a una población desconocida, realizar pruebas de gustativas, estrategias de promoción, precio, marca, envase, es decir crear atractivos para cumplir con las necesidades y deseos de los consumidores.

- Es importante y recomendable realizar mantenimiento a los vehículos continuamente ya que son parte importante en esta cadena de suministro, y contribuye muy significativamente al cumplimiento de la propuesta.

REFERENCIAS BIBLIOGRÁFICAS

Antún, J. P., Lozano, A., Hernández, J. C., & Rodolfo, H. (2005). *Logística de distribución física a minoristas* . México.

Borjas, O. y. (2011). *Evaluación de la Eficiencia del Sistema Logística Empresarial.*

C.S, C., & R., C. (2007). *Métodos Numéricos Para Ingenieros.* Mc Graw - Hill.

Calderón Sotero, J. (30 de Septiembre de 2010). Recuperado el 20 de Abril de 2013, de http://logistweb.wordpress.com/2010/09/30/la-importancia-del-transporte-en-la-logistica-y-en-la-cadena-de-abastecimiento-scm

Chopra Sunil, M. P. (2008). *Administración de la Cadenma de Suministro (Estrategía, Planeación y Operación)* (Vol. III Edición). (C. V. Fernández Santiago Alberto, Trad.) México: Pearson Educación .

IMNC. (2008). *Sistemas de Gestión de La Calidad ISO 9001:2008.* Mexico, D.F.

Krajewski, L. J., & Ritzman, L. P. (2000). *Administración de Operaciones Estrategia y Análisis* (Quinta Edición ed.). (Á. C. González Ruiz, Trad.) México: Prentice Hall.

Moya Navarro, J. M. (1990). *Investigación de operaciones.* Costa rica.

Sheffi, Y. (Mayo, Agosto de 2009). Diseño de una Estrategía Para Competir (Centro Para el Transporte y la Logistica,MIT). *INCAE BUSINESS REVIEW, I*(8).

Taha, H. A. (1995). *Investigación de Operaciones* (Quinta edición ed.). México D.F: Alfaomega.

Venegas Aliste, P. (2005). *Diseño y aplicación de un modelo de transporte para determinar una ruta óptima de distribución para la empresa MASPAN LTDA.* . Chile: universidad de talca .

www.ingramcontent.com/pod-product-compliance
Lightning Source LLC
Chambersburg PA
CBHW051021180526
45172CB00002B/426